崧燁文化

曹永忠、許智誠、蔡英德　著

整合地理資訊技術之物聯網系統開發（基礎入門篇）

An Introduction to the System Development of
Internet of Thing integrated with Geographic
Information Technology

自序

工業 4.0 系列的書是我出版至今十多年多，第一本進入地理資訊整合環境監控領域的電子書，當初出版電子書是希望能夠在教育界開一些 Maker 自造者相關的課程，沒想到一寫就已過十年多，繁簡體加起來的出版數也已也破百本的量，這些書都是我學習當一個 Maker 累積下來的成果。

這本書可以說是我開始將產業技術揭露給學子一個開始點，其實筆者從大學畢業後投入研發、系統開發的職涯，工作上就有涉略工業控制領域，只是並非專注在工業控制領域，但是工業控制一直是一個非常實際、又很 Fancy 的一個研發園地，因為這個領域所需要的專業知識是多方面且跨領域，不但軟體需要精通，硬體也是需要有相當的專業能力，還需要熟悉許多工業上的標準與規範，這樣的複雜，讓工業控制領域的人才非常專業分工，而且許多人數十年的專業都專精於固定的專門領域，這樣的現象，讓整個工業控制在數十年間發展的非常快速，而且深入的技術都建立在許多先進努力基礎上，這更是工業控制的強大魅力所在。

筆著鑑於這樣的困境，思考著『如何讓更多領域的學習者進入工業控制的園地』的思維，便拋磚引玉起個頭，開始野人獻曝攢寫工業 4.0 系列的書，主要的目的不是與工業控制的先進們較勁，而是身為教育的園丁，希望藉著筆者小小努力，任更多有心的新血可以加入工業 4.0 的時代。

本系列的書籍，鑑於筆者有限的知識，一步一步慢慢將我的一些思維與經驗，透過現有產品的使用範例，結合筆者物聯網的經驗與思維，再透過簡單易學的 Arduino 單晶片/Ameba 8195 AM/ESP32 等相關開發版，並連結工業控制的相關控制器與 C 語言，透過一些簡單的例子，進而揭露工業控制一些簡單的思維、開發技巧與實作技術。如此一來，學子們有機會進入『工業控制』，在未來『工業 4.0』時代來臨，學子們有機會一同與新時代並進，進而更踏實的進行學習。

　　最後，請大家能一同分享『工業控制』、『物聯網、『系統開發』等獨有的經驗，一起創造世界。

曹永忠 於貓咪樂園

自序

　　記得自己在大學資訊工程系修習電子電路實驗的時候,自己對於設計與製作電路板是一點興趣也沒有,然後又沒有天分,所以那是苦不堪言的一堂課,還好當年有我同組的好同學,努力的照顧我,命令我做這做那,我不會的他就自己做,如此讓我解決了資訊工程學系課程中,我最不擅長的課。

　　當時資訊工程學系對於設計電子電路課程,大多數都是專攻軟體的學生去修習時,系上的用意應該是要大家軟硬兼修,尤其是在台灣這個大部分是硬體為主的產業環境,但是對於一個軟體設計,但是缺乏硬體專業訓練,或是對於眾多機械機構與機電整合原理不太有概念的人,在理解現代的許多機電整合設計時,學習上都會有很多的困擾與障礙,因為專精於軟體設計的人,不一定能很容易就懂機電控制設計與機電整合。懂得機電控制的人,也不一定知道軟體該如何運作,不同的機電控制或是軟體開發常常都會有不同的解決方法。

　　除非您很有各方面的天賦,或是在學校巧遇名師教導,否則通常不太容易能在機電控制與機電整合這方面自我學習,進而成為專業人員。

　　而自從有了 Arduino 這個平台後,上述的困擾就大部分迎刃而解了,因為Arduino 這個平台讓你可以以不變應萬變,用一致性的平台,來做很多機電控制、機電整合學習,進而將軟體開發整合到機構設計之中,在這個機械、電子、電機、資訊、工程等整合領域,不失為一個很大的福音,尤其在創意掛帥的年代,能夠自己創新想法,從 Original Idea 到產品開發與整合能夠自己獨立完整設計出來,自己就能夠更容易完全了解與掌握核心技術與產業技術,整個開發過程必定可以提供思維上與實務上更多的收穫。

　　Arduino 平台引進台灣自今,雖然越來越多的書籍出版,但是從設計、開發、製作出一個完整產品並解析產品設計思維,這樣產品開發的書籍仍然鮮見,尤其是能夠從頭到尾,利用範例與理論解釋並重,完完整整的解說如何用 Arduino 設計出一個完整產品，介紹開發過程中，機電控制與軟體整合相關技術與範例，如此的書籍更是付之闕如。永忠、英德兄與敝人計畫撰寫 Maker 系列，就是基於這樣對市場需要的觀察，開發出這樣的書籍。

作者出版了許多的 Arduino 系列的書籍，深深覺的，基礎乃是最根本的實力，所以回到最基礎的地方，希望透過最基本的程式設計教學，來提供眾多的 Makers 在入門 Arduino 時，如何開始，如何攥寫自己的程式，進而介紹不同的週邊模組，主要的目的是希望學子可以學到如何使用這些週邊模組來設計程式，期望在未來產品開發時，可以更得心應手的使用這些週邊模組與感測器，更快將自己的想法實現，希望讀者可以了解與學習到作者寫書的初衷。

許智誠　　於中壢雙連坡中央大學 管理學院

自序

　　隨著資通技術(ICT)的進步與普及，取得資料不僅方便快速，傳播資訊的管道也多樣化與便利。然而，在網路搜尋到的資料卻越來越巨量，如何將在眾多的資料之中篩選出正確的資訊，進而萃取出您要的知識？如何獲得同時具廣度與深度的知識？如何一次就獲得最正確的知識？相信這些都是大家共同思考的問題。

　　為了解決這些困惱大家的問題，永忠、智誠兄與敝人計畫製作一系列「Maker系列」書籍來傳遞兼具廣度與深度的軟體開發知識，希望讀者能利用這些書籍迅速掌握正確知識。首先規劃「以一個 Maker 的觀點，找尋所有可用資源並整合相關技術，透過創意與逆向工程的技法進行設計與開發」的系列書籍，運用現有的產品或零件，透過駭入產品的逆向工程的手法，拆解後並重製其控制核心，並使用 Arduino 相關技術進行產品設計與開發等過程，讓電子、機械、電機、控制、軟體、工程進行跨領域的整合。

　　近年來 Arduino 異軍突起，在許多大學，甚至高中職、國中，甚至許多出社會的工程達人，都以 Arduino 為單晶片控制裝置，整合許多感測器、馬達、動力機構、手機、平板...等，開發出許多具創意的互動產品與數位藝術。由於 Arduino 的簡單、易用、價格合理、資源眾多，許多大專院校及社團都推出相關課程與研習機會來學習與推廣。

　　以往介紹 ICT 技術的書籍大部份以理論開始、為了深化開發與專業技術，往往忘記這些產品產品開發背後所需要的背景、動機、需求、環境因素等，讓讀者在學習之間，不容易了解當初開發這些產品的原始創意與想法，基於這樣的原因，一般人學起來特別感到吃力與迷惘。

　　本書為了讀者能夠深入了解產品開發的背景，本系列整合 Maker 自造者的觀念與創意發想，深入產品技術核心，進而開發產品，只要讀者跟著本書一步一步研習與實作，在完成之際，回頭思考，就很容易了解開發產品的整體思維。透過這樣的思路，讀者就可以輕易地轉移學習經驗至其他相關的產品實作上。

所以本書是能夠自修的書，讀完後不僅能依據書本的實作說明準備材料來製作，盡情享受 DIY(Do It Yourself)的樂趣，還能了解其原理並推展至其他應用。有興趣的讀者可再利用書後的參考文獻繼續研讀相關資料。

本書的發行有新的創舉，就是以電子書型式發行，在國家圖書館(http://www.ncl.edu.tw/)、國立公共資訊圖書館 National Library of Public Information(http://www.nlpi.edu.tw/)、台灣雲端圖庫(http://www.ebookservice.tw/)等都可以免費借閱與閱讀，如要購買的讀者也可以到許多電子書網路商城、Google Books 與 Google Play 都可以購買之後下載與閱讀。希望讀者能珍惜機會閱讀及學習，繼續將知識與資訊傳播出去，讓有興趣的眾人都受益。希望這個拋磚引玉的舉動能讓更多人響應與跟進，一起共襄盛舉。

本書可能還有不盡完美之處，非常歡迎您的指教與建議。近期還將推出其他 Arduino 相關應用與實作的書籍，敬請期待。

最後，請您立刻行動翻書閱讀。

蔡英德 於台中沙鹿靜宜大學主顧樓

目 錄

工業 4.0 系列

本書是『工業 4.0 系列』的地理資訊技術之第一本書，書名：整合地理資訊技術之物聯網系統開發(基礎入門篇):An Introduction to the System Development of Internet of Thing integrated with Geographic Information Technology，主要是在工業 4.0 環境之中，需要一個雲端平台的來針對所有裝置資料進行儲存、分享、運算、分析、展示、整合運用…等廣範用途，上述這些需求，我們需要一個簡易、方便與擴展性高雲端服務。

筆者針對上面需求為主軸，以 QNAP 威聯通 TS-431P2-1G 4-Bay NAS 主機為標的物，開始介紹如何使用 QNAP 威聯通 TS-431P2-1G 4-Bay NAS 雲端主機，從資料庫建立，資料表規劃到網頁主機的 php 程式攛寫、資料呈現，在應用 Google 雲端資源：Google Chart 到 Google Map 等雲端資源的使用到程式系統的開發，一步一步的圖文步驟，讀者可以閱讀完後，就有能力自行開發雲端平台的應用程式。

本文也使用讀者熟悉的 Arduino 或其他相容開發板，來進行微型系統開發的範例，希望讀這閱讀之後，可以針對物聯網、工業 4.0 等開發系統時，針對雲端的運用，可以自行建置一個商業級的雲端系統服務，其穩定性、安裝困難度、維護成本都遠低於自行組立的主機系統，省下來的時間可以讓讀者可以專注在開發物聯網、工業 4.0 等產品有更多的心力。

未來筆者希望可以推出更多的入門書籍給更多想要進入『工業 4.0』『物聯網』這個未來大趨勢，所有才有這個工業 4.0』系列的產生。

1
CHAPTER

圖資平台介紹

　　由於本書是『整合地理資訊技術之物聯網系統開發(基礎入門篇)』，所以地理資訊平台就是一個很基本的需求，所以本文一開始，就是先行介紹介紹可以使用的地理資訊平台，筆者介紹的台灣圖霸，是台灣上市台灣電子地圖 Turn-Key Solution[1]領導品牌。

　　台灣圖霸[2]是由研鼎智能自主開發的一套本土電子地圖平台，提供完整的 API供大家使用，舉凡大家常用到的地圖顯示，地圖拖拉，2D/3D 視角切換，景點查詢，地址查詢，座標轉地址及地址轉坐標等實用功能。

　　研鼎智能[3]是國內導航系統 PAPAGO[4]!的圖資供應商，具有全台灣最完整的圖資，資料豐富，更新速度快。台灣圖資的始祖：PAPAGO!從 2001 年開始，就專注於導航系統的研發，從早期的 PDA 時代，就開發出國內第一套 Windows CE 系統的導航軟體，並一路跟著手持裝置的演進歷程，經歷過 Windows Mobile，Embedded Linux等系統，在當時都是手持裝置導航軟體的佼佼者。隨後更一路使用研鼎智能的圖資，拓展出完整的導航系列產品，包含手持式導航機，車載一體積，iPhone 和 Android智慧手機內的導航 App 等等，是台灣銷售第一的導航品牌。

　　雖然國際上都使用 Google Maps，但是基於國安與資訊安全，筆者覺得能夠採用國內自主研發的研鼎圖資，充分使用本土的地圖平台引擎，讓整個台灣可以在國

---

[1] A turnkey, a turnkey project, or a turnkey operation (also spelled turn-key) is a type of project that is constructed so that it can be sold to any buyer as a completed product. This is contrasted with build to order, where the constructor builds an item to the buyer's exact specifications, or when an incomplete product is sold with the assumption that the buyer would complete it. From https://en.wikipedia.org/wiki/Turnkey

[2] 台灣圖霸 Map8 Platform 地圖平台，https://www.map8.zone/

[3] 研鼎智能，https://www.goyourlife.com/zh-TW/homepage/

[4] PAPAGO，http://tw.papagoinc.com/products/OBU/S1.aspx?pid=40

外的技術全面攻陷之外，在資安、本土化圖資服務器與地圖更新的即時性，筆者覺得採用台灣第一個電子地圖平台：『台灣圖霸』，這也是筆者今天我們要介紹這個平台的原因(曹永忠, 2020a)。

台灣圖霸介紹

如下圖所示，我們先使用 Chrome 瀏覽器，進入台灣圖霸網站，網址是：https://www.map8.zone/，我們進入之後可以看到下圖畫面。

圖 1 台灣圖霸網站

如下圖所示，由於台灣圖霸網站主頁網站內容比較多，我們將整個主頁顯示於下圖之上。

圖 2 台灣圖霸主頁

申請地圖 API Key

如下圖所示，我們先行向台灣圖霸官網申請地圖 API Key，請先點選下圖紅框所示之 API 申請。

圖 3 圖庫申請

如下圖所示，我們進入申請網頁，開始圖庫 API 申請，請參考下圖輸入申請資料，請讀者輸入自己的申請資料，切勿完全依樣輸入相同資料，這樣做會申請不到資料歐。

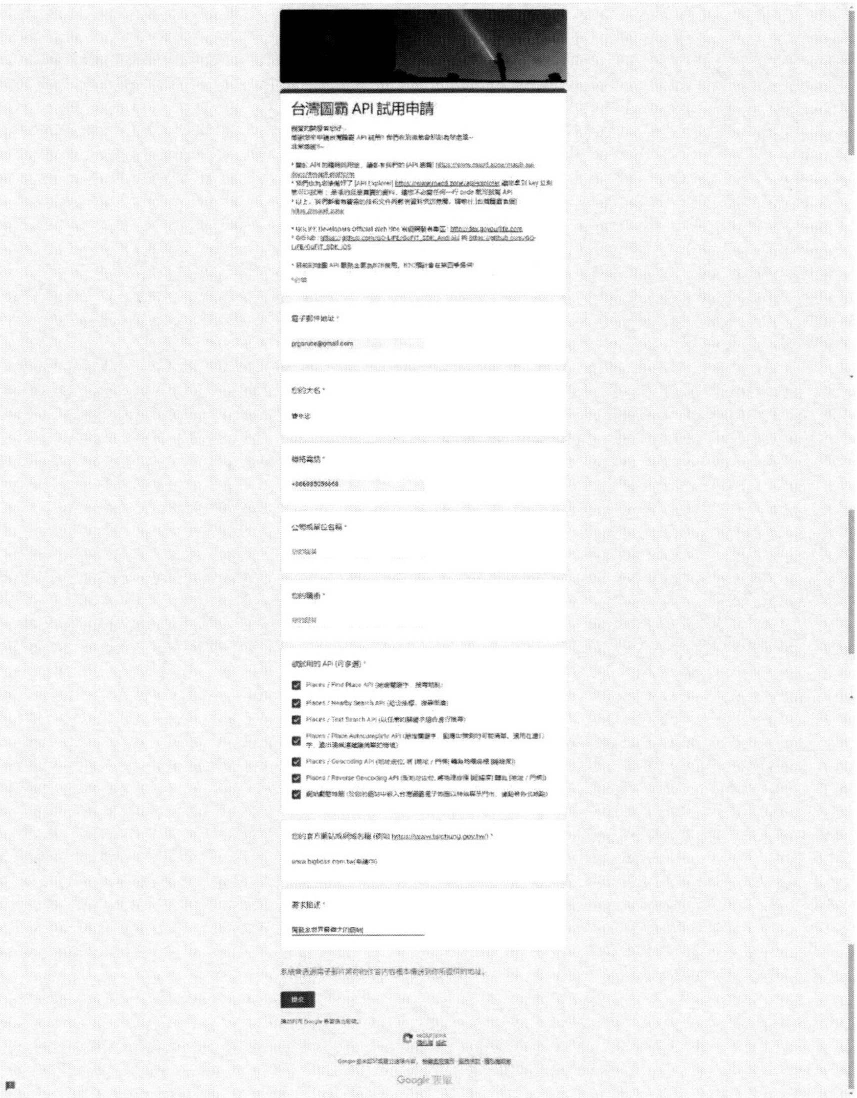

圖 4 開始申請圖庫

如下圖所示，讀者輸入送出圖庫申請資料完成後，點選送出後，完成申請。

圖 5 送出圖庫申請

　　經過一兩天的時間，台灣圖霸官網會審核一些資訊後，如下圖所示，請讀者參考當初所輸入的電子郵件信箱，進到所輸入的電子郵件信箱後，查看是否通過申請。

圖 6 圖庫申請之電子郵件

　　如下圖所示，若通過申請後，台灣圖霸官網會寄送一封信件，如下圖所示之信件標題，告知已通過申請。

圖 7 圖庫申請通過信件

　　我們收到通過申請的信件後，如下圖所示，打開信件，往下滑動閱讀，如您看到 API 的測試 Key 也為您準備好嘞的字樣，就表示您已拿到地圖 API Key。

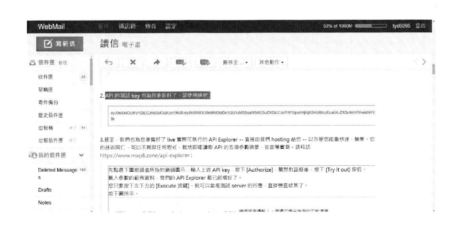

圖 8 取得圖庫 api_key

　　如上圖所示，我們可以將這段 API Key

『eyJ0eXAiOiJKV1QiLCJhbGciOiJIUzI1NiJ9.eyJ……』先記下，後面文章我們會用到。

章節小結

　　本篇主要告訴讀者，如何使用由研鼎智能自主開發的一套本土電子地圖平台：台灣圖霸，一步一步導引讀者申請試用金鑰(ＡＰＩ　ＫＥＹ)，進而快速使用立即用的地圖資訊平台，其他圖資系統的安裝、申請試用、設定也都是大同小異，　相信讀者可以融會貫通。

CHAPTER

工業級溫溼度模組介紹

　　由於工業上的環境與使用情境，大部分都是工廠或生產線上，所以筆者在【物聯網開發系列】雲端主機安裝與設定(NAS 硬體安裝篇(曹永忠, 2018a)、【物聯網開發系列】雲端主機安裝與設定（NAS 硬體設定篇）(曹永忠, 2018b)、【物聯網開發系列】雲端主機安裝與設定(網頁主機設定篇)(曹永忠, 2018c)、【物聯網開發系列】雲端主機安裝與設定（資料庫設定篇）等中，筆者介紹了 QNAP 威聯通 TS-431P2-1G 4-Bay NAS 網頁主機安裝與設定的詳細過程(曹永忠, 許智誠, & 蔡英德, 2015a, 2015b, 2019a, 2019b)，進而建立網頁主機與安裝設定資料庫管理系統，相信許多讀者閱讀後也會有躍躍欲試的衝動。

　　可以看到宇田控制科技股份有限公司生產的 eYc THS13/14 溫濕度傳送器(室內型)，產品網址：https://www.yuden.com.tw/show-246493.html，產品外觀如下圖所示：

圖 9 eYc THS13/14 溫濕度傳送器 室內型

資料來源：https://www.yuden.com.tw/show-246493.html

可以看到久德電子有限公司生產的空調型 溫濕度傳送器，產品網址：

http://jetec.com.tw/chinese/product1-1_EE160.html，產品外觀如下圖所示：

圖 10 空調型 溫濕度傳送器

資料來源：http://jetec.com.tw/chinese/product1-1_EE160.html

可以看到森鴻科技儀器有限公司生產的溫濕度計 CTH-888，產品網址：

https://sentron.com.tw/%E5%95%86%E5%93%81/%E6%BA%AB%E6%BF%95%E5%BA%A6%E8%A8%88-cth-888/，產品

外觀如下圖所示：

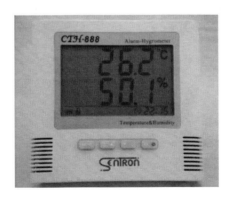

圖 11 溫濕度計 CTH-888

資料來源：https://sentron.com.tw/%E5%95%86%E5%93%81/%E6%BA%AB%E6%BF%95%E5%BA%A6%E8%A8%88-cth-888/

本文使用之溫溼度感測模組

　　由於上面介紹的工業級溫溼度感測模組，因為精度、品質、耐用度…等都相當優秀，筆者在欠缺資源之下，便向淘寶網(https://world.taobao.com/)尋找可用、便宜、等值的工業級溫溼度感測模組，最後發現淘寶商家：都會明武電子 (https://shop111496966.world.taobao.com/?spm=2013.1.1000126.3.90d9274bOTdM2M) 有販賣：溫溼度变送器 Modbus SHT20 传感器 工業級 高精度 溫溼度监测，網址：https://item.taobao.com/item.htm?spm=a1z09.2.0.0.34ef2e8d4IFe86&id=585611956869 &_u=ovlvti9044d，，產品外觀如下圖所示：

圖 12 SHT20 溫濕度感測模組

資料來源：

https://item.taobao.com/item.htm?spm=a1z09.2.0.0.34ef2e8d4IFe86&id=585611956869&_u=ovlvti9044d

　　SHT20 溫濕度感測模組，其產品採用工業級晶片，高精度進口 SHT20 溫濕度感測器，確保產品的優異可靠性、高精度、互換性。

　　讀取溫溼度資料採用 RS485 硬體介面(具有防雷設計)，協定層相容標準的工業 Modbus-Rtu 協定。SHT20 溫濕度感測模組集 MODBUS 協定與普通協定於一體，使用者可以自行選擇通信協定，普通協定帶有自動上傳功能（連接 RS485 通過串

口調式工具即會自動輸出溫濕度）

規格介紹

如下圖所示，我們可以看到 SHT20 溫濕度感測模組的產品參數。

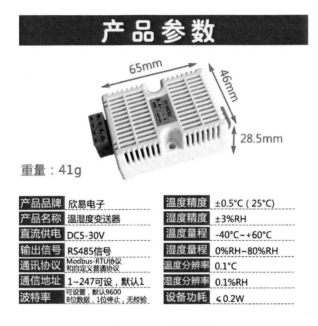

圖 13 產品參數圖

如下圖所示，我們可以看到 SHT20 溫濕度感測模組的電路接腳。

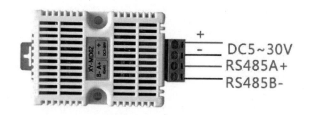

圖 14 　接線方式

使用 USB to Modbus 轉接器連接

接下來我們需要連接 SHT20 溫濕度感測模組的 RS-485 通訊接口，所以，我們在淘寶網(https://world.taobao.com/)尋找可用、便宜、等值的工業級溫溼度感測模組，最後發現淘寶商家：深圳市奕達電子
(https://shop148221890.world.taobao.com/?spm=2013.1.0.0.651062afRVUpI4) 有販賣：LX08V USB 轉 RS485USB 转串口，網址：

https://item.taobao.com/item.htm?spm=a1z09.2.0.0.34ef2e8d4IFe86&id=55702823408
0&_u=ovlvti92f36，產品外觀如下圖所示：

Modbus SHT20 传感器 工业级 高精度 温湿度监测，網址：

https://item.taobao.com/item.htm?spm=a1z09.2.0.0.34ef2e8d4IFe86&id=585611956869
&_u=ovlvti9044d，，產品外觀如下圖所示：

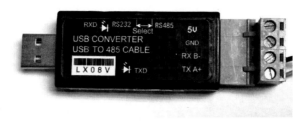

圖 15 LX08V USB 轉 RS485 轉換器

　　如下圖所示，我們將上圖之 LX08V USB 轉 RS485 轉換器接上上上圖之 SHT20

溫濕度感測模組之接線方式。就是將 LX08V USB 轉 RS485 轉換器接上 SHT20 溫

濕度感測模組，完成通訊連接(曹永忠, 許智誠, & 蔡英德, 2018a, 2018b, 2018c,

2018e)。

圖 16 USB 轉 RS485 接上 SHT20 溫濕度感測模組

下載連線測試軟體

接下來我們需要連連線軟體，進行連線測試，方面講解如何連接，筆者選擇 AccessPort，下載網址：https://accessport.soft32.com/，請讀者下載後安裝，並執行，程式執行如下圖所示：

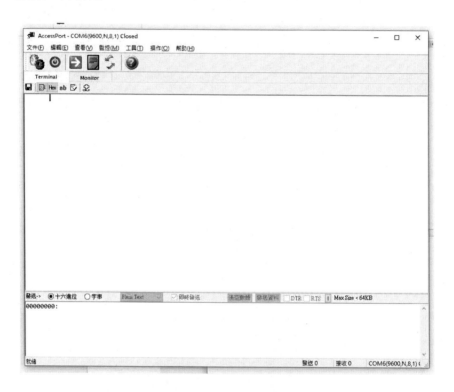

圖 17　AccessPort 主畫面

如下圖所示，我們將 LX08V USB 轉 RS485 轉換器插到電腦的 USB 插槽

圖 18 將 Dongle 插上電腦 USB 插槽

如下圖所示,我們先查看裝置管理員的內容。

圖 19 裝置管理員的內容

如下圖所示，我們先查看裝置管理員的內容。我們發現『USB 轉 RS485 轉換器』插在下圖所示之 COM 12 的通訊埠。

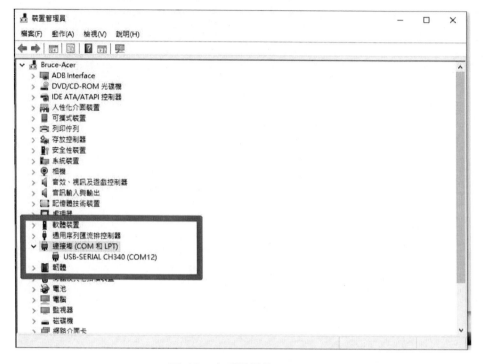

圖 20　查看通訊埠

　　如下圖所示，我們回到 AccessPort 連線軟體，進行設定連線之通訊參數(曹永忠 et al., 2018a, 2018b, 2018c, 2018e)。

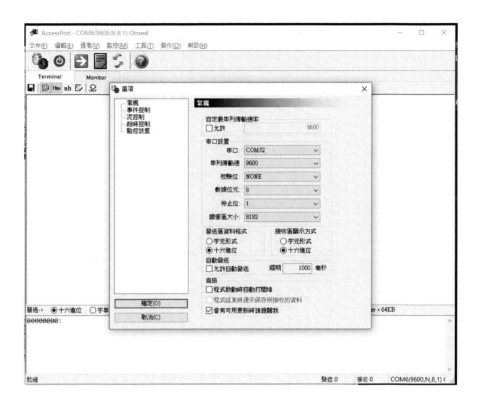

圖 21 設定連接之通訊埠

　　如下圖所示，我們進行設定連線之通訊參數，將通訊埠設定連接通訊埠為 USB
轉 RS485 轉換器之通訊埠為 COM12。

圖 22　設定連接通訊埠為 USB 轉 RS485 轉換器

　　如下圖所示，我們進行設定連線之通訊速率，將通訊埠之之通訊速率設定連為
9600 bps。

圖 23　設定通訊速率

如下圖所示，我們進行設定連線之通訊參數，將通訊埠設之設定校驗位元設定

為 NONE。

圖 24　設定校驗位元

如下圖所示，我們進行設定連線之通訊參數，將設定數據位元設定為 8 位元。

圖 25　設定數據位元

如下圖所示，我們進行設定連線之通訊參數，將設定停止位元為 1。

圖 26　設定停止位元

如下圖所示，我們完成設定。

圖 27　完成設定

　　如下圖所示，我們就透過連上 AccessPort，連到 USB 轉 RS485 轉換器，進而連到 SHT20 溫濕度感測模組。

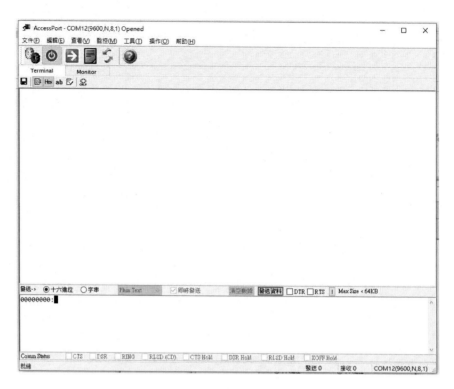

圖 28　連上 AccessPort

SHT20 溫濕度感測模組通訊協定

SHT20 溫濕度感測模組採用 RS485 硬體介面(具有防雷設計),協定層相容標準的工業 Modbus-Rtu 協定,而 SHT20 溫濕度感測模組功能碼如下:

- 0x03:讀保持暫存器

- 0x04:讀輸入暫存器

- 0x06:寫單個保持暫存器

- 0x10:寫多個保持暫存器

如下表所示，我們將 SHT20 溫濕度感測模組通訊協定之功能碼列舉於下表：

表 1 SHT20 溫濕度感測模組通訊協定之功能碼表

暫存器類型	暫存器位址	資料內容	位元組數
輸入暫存器	0x0001	溫度值	2
	0x0002	濕度值	2
保持暫存器	0x0101	設備位址 （1~247）	2
	0x0102	串列傳輸速率 0:9600 1:14400 2:19200	2
	0x0103	溫度修正值(/10) -10.0~10.0	2
	0x0104	濕度修正值(/10) -10.0~10.0	2

我們可以看到 SHT20 溫濕度感測模之 Modbus 通訊格式:

主機發送資料幀：

我們使用下所所示之格式送出命令碼：

表 2 S Master 主機發送資料格式表

從機地址	功能碼	暫存器位址 高位元組	暫存器位址 低位元組	暫存器數量 高位元組	暫存器數量 低位元組	CRC 高位元組	CRC 低位元組

從機接收資料幀：

而裝置端之從機使用下所所示之格式送出回應命令碼：

表 3 Slave 從機送出回應命令碼

從機地址	回應功能碼	位元組數	暫存器1 資料 高位元組	暫存器1 資料 低位元組	暫存器N 資料 高位元組	暫存器N 資料 低位元組	CRC 高位元組	CRC 低位元組

主機讀取溫度命令幀(0x04)：

首先我們先讀取主機讀取溫度命令，所以我們要使用『0x04』的命令，我們參考下表傳送『01 04 00 01 00 01 60 0A』的命令：

表 4 主機讀取溫度命令

從機地址	功能碼	暫存器位址 高位元組	暫存器位址 低位元組	暫存器數量 高位元組	暫存器數量 低位元組	CRC 高位元組	CRC 低位元組
0x01	0x04	0x00	0x01	0x00	0x01	0x60	0x0a

如下圖所示，我們透過 AccessPort，傳送『01 04 00 01 00 01 60 0A』的命令，透過連到 USB 轉 RS485 轉換器，將命令送到到 SHT20 溫濕度感測模組。

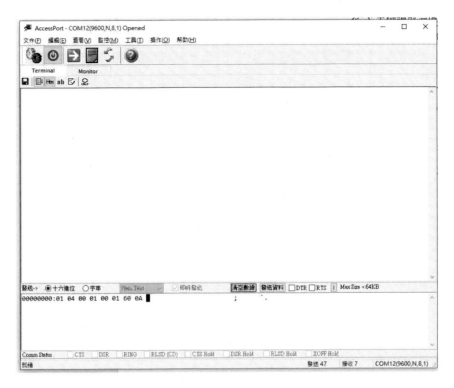

圖 29 傳送主機讀取溫度命令

如下圖所示,我們透過 AccessPort,傳送『01 04 00 01 00 01 60 0A』的命令,
透過連到 USB 轉 RS485 轉換器,將命令送到到 SHT20 溫濕度感測模組。

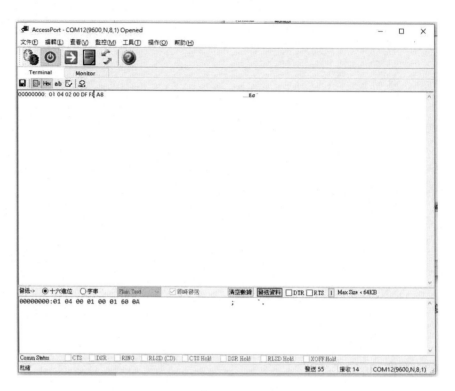

圖 30　裝置傳送溫度資料

接下來我們參考下表之機回送溫度資料命令，溫度值=0x00DF,轉換成十進位 223，實際溫度值 = 223/ 10 = 22.3℃

表 5　主機回送溫度資料命令

從機地址	功能碼	位元組數	溫度	溫度	CRC	CRC
			高位元組	低位元組	高位元組	低位元組
0x01	0x04	0x02	0x00	0xDF	0xF8	0xA8

注：溫度是有符號 16 進制數，溫度值=0xFF33,轉換成十進位 -205，實際溫度 = -20.5℃；

主機讀取濕度命令幀(0x04)：

首先我們先讀取主機讀取濕度命令，所以我們要使用『0x04』的命令，我們參考下表傳送『01 04 00 02 00 01 90 0A』的命令：

表 6 主機讀取濕度命令

從機地址	功能碼	暫存器位址 高位元組	暫存器位址 低位元組	暫存器數量 高位元組	暫存器數量 低位元組	CRC 高位元組	CRC 低位元組
0x01	0x04	0x00	0x02	0x00	0x01	0x90	0x0A

如下圖所示，我們透過 AccessPort，傳送『01 04 00 02 00 01 90 0A』的命令，透過連到 USB 轉 RS485 轉換器，將命令送到到 SHT20 溫濕度感測模組。

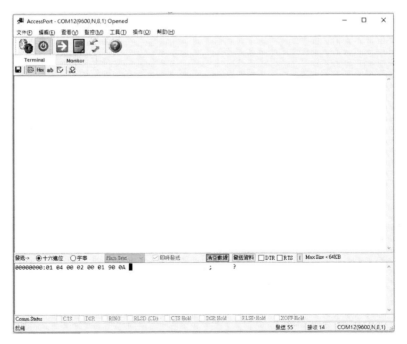

圖 31 傳送主機讀取溼度命令

如下圖所示，我們透過 AccessPort，傳送『01 04 00 02 00 01 90 0A』的命令，透過連到 USB 轉 RS485 轉換器，將命令送到到 SHT20 溫濕度感測模組。

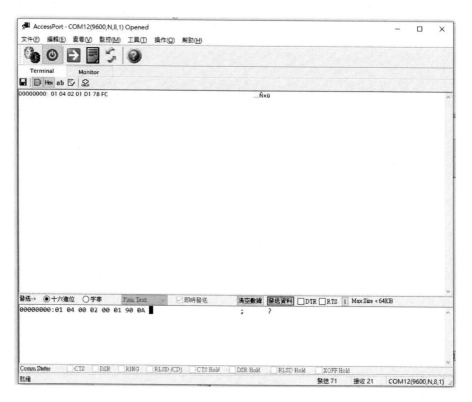

圖 32　裝置傳送溼度資料

接下來我們參考下表之機回送溼度資料命令，濕度值=0x01D1,轉換成十進位465，實際濕度值=465 / 10 = 46.5%

表 7 主機回送濕度資料命令

從機地址	功能碼	位元組數	濕度	濕度	CRC	CRC
			高位元組	低位元組	高位元組	低位元組
0x01	0x04	0x02	0x02	0x22	0xD1	0xBA

主機連續讀取溫濕度命令(重複讀取溫溼度暫存器資料)：

　　有時候，我們在多機共用之下，我們會重複讀取溫溼度暫存器資料，，所以我們要使用『0x04』的命令，我們參考下表傳送『01 04 00 01 00 02 20 0B』的命令：

表 8 主機重複讀取溫溼度暫存器資料

從機地址	功能碼	暫存器位址	暫存器位址	暫存器數量	暫存器數量	CRC	CRC
		高位元組	低位元組	高位元組	低位元組	高位元組	低位元組
0x01	0x04	0x00	0x01	0x00	0x02	0x20	0x0B

　　如下圖所示，我們透過 AccessPort，傳送『01 04 00 01 00 02 20 0B』的命令，透過連到 USB 轉 RS485 轉換器，將命令送到到 SHT20 溫濕度感測模組。

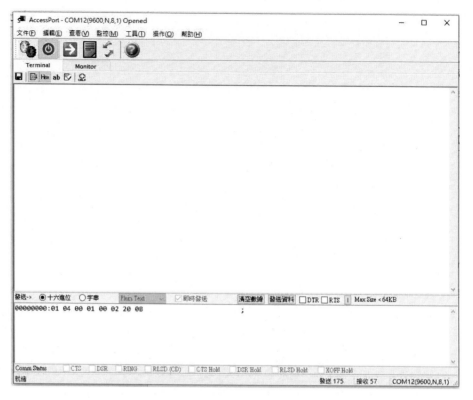

圖 33　傳送主機讀取溫溼度命令

　　如下圖所示，我們透過 AccessPort，傳送『01 04 00 01 00 02 20 0B』的命令，透過連到 USB 轉 RS485 轉換器，將命令送到到 SHT20 溫濕度感測模組。

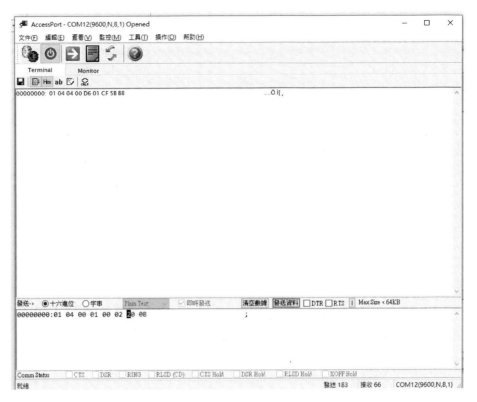

圖 34　裝置傳送溫溼度資料

接下來我們參考下表之機回送溫度資料命令，溫度值=0x00D6,轉換成十進位 214，
實際溫度值　= 214/ 10 = 21.4℃

接下來我們參考下表之機回送溼度資料命令，濕度值=0x01CF,轉換成十進位 463，
實際濕度值=463 / 10 = 46.3%

表 9　主機回送濕度資料命令

從機地址	功能碼	位元組數	溫度 高位元組	溫度 低位元組	濕度 高位元組	濕度 低位元組	CRC 高位元組	CRC 低位元組
0x01	0x04	0x04	0x00	0xD6	0x01	0xCF	0x5B	0xB8

從上面所述，我們只要透過 RS-485 的命令，傳送上述命令給 SHT20 溫濕度感測模組，而 SHT20 溫濕度感測模組也會透過 RS485 傳送回溫度與濕度，我們只要根據傳送命令規格，計算出溫溼度，就可以輕易使用工業級的 SHT20 溫濕度感測模組。

到此，我們已經完成介紹介紹工業級的 SHT20 溫濕度感測模組，相信上述一步一步的設定步驟，讀者可以開始使用工業級的 SHT20 溫濕度感測模組。

至於其他工業級的溫濕度感測模組或其他廠牌的工業級的溫濕度感測模組的使用與存取方式也都是大同小異， 相信讀者可以融會貫通。

章節小結

本章主要介紹工業級的溫濕度感測模組如何設定、存取，主要告訴讀者，在開發程式之前，我們必須先行了解如何存取工業級的 SHT20 溫濕度感測模組感測裝置，相信讀者可以融會貫通。

3
CHAPTER

雲端主機硬體建置

筆者在國立暨南國際大學的碩士研究生:謝耿順,在指導其論文【運用物聯網架構之環境監控系統】(謝耿順, 2020),在國立暨南國際大學電機工程學系科一館412 研究室,使用 QNAP TS-431P 建立一台雲端主機,為筆者與授課、學術研究與碩博士生研究之用的雲端主機與設備(曹永忠 et al., 2018a, 2018c, 2018e, 2019a, 2019b)。

使用暨南國際大學 412 實驗室之雲端主機

如下圖所示,在國立暨南國際大學電機工程學系科一館 412 研究室建立一台以 QNAP TS-431P 的 NAS 主機為研究上的雲端主機(曹永忠 et al., 2018a, 2018c, 2018e, 2019a, 2019b; 曹永忠, 許智誠, & 蔡英德, 2020a, 2020b):

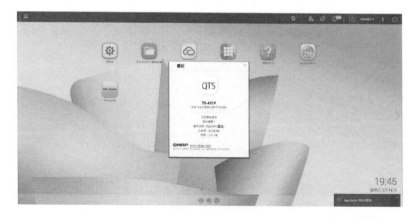

圖 35 使用暨南國際大學 412 實驗室之雲端主機

透過暨南國際大學 412 實驗室之雲端主機，我們建立一台網站與雲端伺服器，如下圖所示，可以看到網址：http://ncnu.arduino.org.tw:9999/iot.php，筆者使用 QNAP NAS (TS-431P)建立雲端主機(曹永忠, 許智誠, & 蔡英德, 2017a, 2017b; 曹永忠 et al., 2018a, 2018c, 2018e, 2019a, 2019b; 曹永忠, 許智誠, et al., 2020a, 2020b; 曹永忠 & 黃朝恭, 2021)。

圖 36 使用暨南國際大學 412 實驗室之雲端主機

筆者已在該主機上，建立 Apache、Mysql、Php 等，相關細節，請參考風向、風速、溫溼度整合系統開發(氣象物聯網):A Tiny Prototyping Web System for Weather Monitoring System (IOT for Weather)(曹永忠 & 黃朝恭, 2019)、Ameba 風力監控系統開發(氣象物聯網) (Using Ameba to Develop a Wind Monitoring System (IOT for Weather))、(曹永忠, 許智誠, et al., 2017b)等書。讀者也可以在其他書籍或網路上找到對應文章，筆者不再此多加以敘述。

章節小結

本章主要介紹本書與研究上使用的雲端伺服器，對於硬體安裝與基本設定要進一步了解的讀者，請參考筆者拙：雲端平台(系統開發基礎篇): The Tiny Prototyping System Development based on QNAP Solution(曹永忠 et al., 2018a, 2018c, 2018e, 2019a, 2019b)，可以先行補充更詳細的技術細節，再回到本文學習，相信讀者可以融會貫通。

4

CHAPTER

設置雲端平台

建立資料表

對於使用 PhpmyAdmin 工具建立資料表的讀者不熟這套工具者，可以先參閱筆者著作：『Ameba 程式設計(物聯網基礎篇):An Introduction to Internet of Thing by Using Ameba RTL8195AM』(曹永忠, 吳佳駿, 許智誠, & 蔡英德, 2017a)、『Ameba 程序设计(基础篇):Ameba RTL8195AM IOT Programming (Basic Concept & Tricks)』(曹永忠, 吳佳駿, 許智誠, & 蔡英德, 2016)、『Arduino 程式設計教學(技巧篇):Arduino Programming (Writing Style & Skills))』(曹永忠, 吳佳駿, 許智誠, & 蔡英德, 2017b)、『溫溼度裝置與行動應用開發(智慧家居篇):A Temperature & Humidity Monitoring Device and Mobile APPs Develop-ment(Smart Home Series) 』(曹永忠, 許智誠, & 蔡英德, 2018f)、『雲端平台(系統開發基礎篇): The Tiny Prototyping System Development based on QNAP Solution』(曹永忠 et al., 2019b)等書籍，先熟悉這些基本技巧與能力(曹永忠, 許智誠, & 蔡英德, 2018d, 2018g; 曹永忠, 蔡英德, 許智誠, 鄭昊緣, & 張程, 2020a, 2020b)。

如已熟悉者，讀者可以參考下表，建立 dhtData 資料表。

表 10 dhtData 資料表欄位規格書

欄位名稱	型態	欄位解釋
id	Int(11)	主鍵
MAC	Char(12)	網卡編號(16 進位表示)
id	Int(11)	主鍵
crtdatetime	Timestamp	資料更新日期時間
temperature	float	溫度

humidity	float	濕度
systime	Char(14)	YYYYMMDDHHMMDD
PRIMARY id : id　primary key unique		

讀者也可以參考下表，使用 SQL 敘述，建立 dhtData 資料表。

表 dhtData 資料表 SQL 敘述

```
-- phpMyAdmin SQL Dump
-- version 4.8.2
-- https://www.phpmyadmin.net/
--
-- 主機: localhost
-- 產生時間： 2021 年 05 月 26 日 16:12
-- 伺服器版本: 5.5.57-MariaDB
-- PHP 版本： 5.6.31


SET SQL_MODE = "NO_AUTO_VALUE_ON_ZERO";
SET AUTOCOMMIT = 0;
START TRANSACTION;
SET time_zone = "+00:00";



/*!40101 SET
@OLD_CHARACTER_SET_CLIENT=@@CHARACTER_SET_CLIENT */;
/*!40101 SET
@OLD_CHARACTER_SET_RESULTS=@@CHARACTER_SET_RESULTS
*/;
/*!40101 SET
@OLD_COLLATION_CONNECTION=@@COLLATION_CONNECTION */;
/*!40101 SET NAMES utf8mb4 */;


--
-- 資料庫： `ncnuiot`
--
```

```sql
-- --------------------------------------------------------

--
-- 資料表結構 `dhtData`
--

CREATE TABLE `dhtData` (
  `id` int(11) NOT NULL COMMENT '主鍵',
  `MAC` char(12) CHARACTER SET ascii NOT NULL COMMENT '裝置 MAC
值',
  `crtdatetime` timestamp NOT NULL DEFAULT CURRENT_TIMESTAMP
ON UPDATE CURRENT_TIMESTAMP COMMENT '資料輸入時間',
  `temperature` float NOT NULL COMMENT '溫度',
  `humidity` float NOT NULL COMMENT '濕度',
  `systime` char(14) CHARACTER SET ascii NOT NULL COMMENT '使用者
更新時間'
) ENGINE=MyISAM DEFAULT CHARSET=latin1;

--
-- 資料表的匯出資料 `dhtData`
--

--
-- 資料表索引 `dhtData`
--
ALTER TABLE `dhtData`
  ADD PRIMARY KEY (`id`);

--
-- 在匯出的資料表使用 AUTO_INCREMENT
--

--
-- 使用資料表 AUTO_INCREMENT `dhtData`
--
ALTER TABLE `dhtData`
  MODIFY `id` int(11) NOT NULL AUTO_INCREMENT COMMENT '主鍵',
AUTO_INCREMENT=1;
COMMIT;
```

```
/*!40101 SET
CHARACTER_SET_CLIENT=@OLD_CHARACTER_SET_CLIENT */;
/*!40101 SET
CHARACTER_SET_RESULTS=@OLD_CHARACTER_SET_RESULTS */;
/*!40101 SET
COLLATION_CONNECTION=@OLD_COLLATION_CONNECTION */;
```

　　如下圖所示，建立 dhtData 資料表完成之後，我們可以看到下圖之 dhtData 資料表欄位結構圖。

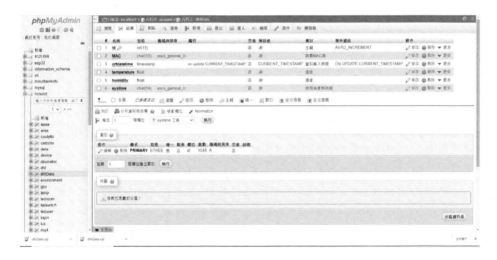

圖 37 dhtData 資料表建立完成

將讀溫溼度感測器等感測值送到雲端

　　我們將 NodeMCU-32S Lua WiFi 物聯網開發板的驅動程式安裝好之後，我們打開 Arduino 開發板的開發工具：Sketch IDE 整合開發軟體(軟體下載請到：https://www.arduino.cc/en/Main/Software)，攢寫一段程式，如下表所示之透過 WIFI

模組傳送感測資料程式，透過 NodeMCU-32S Lua WiFi 物聯網開發板，將讀取風向感測、風速感測、溫溼度感測器等模組感測值送到網頁上(曹永忠, 2018d, 2018e)。

表 11 透過網頁傳送感測資料到雲端平台程式

透過網頁傳送感測資料到雲端平台程式(\dhtdata\dhDatatadd.php)

```php
<?php
    include("../Connections/iotcnn.php");         //使用資料庫的呼叫程式
        //    Connection() ;
    $link=Connection();          //產生 mySQL 連線物件
//  mysql_select_db($link, "ncnuiot") ;
    $temp0=$_GET["MAC"];         //取得 POST 參數：MAC address
    $temp1=$_GET["T"];         //取得 POST 參數：temperature
    $temp2=$_GET["H"];         //取得 POST 參數：humidity


    $sysdt = getdatetime() ;
//    $ddt = getdataorder() ;


    //http://ncnu.arduino.org.tw:9999/dhtdata/dhData-
tadd.php?MAC=AABBCCDDEEFF&T=34&H=34



//    $query = "INSERT INTO `dhtdata` (`humidity`,`temperature`) VALUES
('".$temp1."','".$temp2."')";
//    $query = "INSERT INTO `DHT` (`mac`,`hu-
mid`,`temp`,`light`,`r`,`g`,`b`,`k`,`datatime`,`dateorder`) VALUES
('".$temp0."','".$temp1.",".$temp2.",".$temp3.",".$temp4.",".$temp5.",".$temp6.
",".$temp7.",".$sysdt.",".$ddt.")";
//    $query = "INSERT INTO `dht` (`temp`,`humid`) VALUES
('".$temp1.",".$temp2.")";
    $query = "INSERT INTO ncnuiot.dhtData (mac,systime,temperature,hu-
midity) VALUES ('".$temp0."','".$sysdt."','".$temp1.",".$temp2.")";
    //組成新增到 dhtdata 資料表的 SQL 語法

    echo $query ;
```

```php
    echo "<br>" ;


    if (mysql_query($query,$link))
        {
                echo "Successful <br>" ;
        }
        else
        {
                echo "Fail <br>" ;
        }

            ;                   //執行 SQL 語法
    echo "<br>" ;
    mysql_close($link);         //關閉 Query


?>

    <?php
        /* Defining a PHP Function */
        function getdataorder($dt) {
            //      $dt = getdate() ;
            $splitTimeStamp = explode(" ",$dt);
            $ymd = $splitTimeStamp[0] ;
            $hms = $splitTimeStamp[1] ;
            $vdate = explode('-', $ymd);
            $vtime = explode(':', $hms);
            $yyyy =   str_pad($vdate[0],4,"0",STR_PAD_LEFT);
            $mm   =   str_pad($vdate[1] ,2,"0",STR_PAD_LEFT);
            $dd   =   str_pad($vdate[2] ,2,"0",STR_PAD_LEFT);
            $hh   =   str_pad($vtime[0] ,2,"0",STR_PAD_LEFT);
            $min  =   str_pad($vtime[1] ,2,"0",STR_PAD_LEFT);
            $sec  =   str_pad($vtime[2] ,2,"0",STR_PAD_LEFT);
            /*
            echo "***(" ;
            echo $dt ;
            echo "/" ;
            echo $yyyy ;
```

```
                    echo "/" ;
                    echo $mm ;
                    echo "/" ;
                    echo $dd ;
                    echo "/" ;
                    echo $hh ;
                    echo "/" ;
                    echo $min ;
                    echo "/" ;
                    echo $sec ;
                    echo ")<br>" ;
            */
            return ($yyyy.$mm.$dd.$hh.$min.$sec)   ;
    }
    function getdataorder2($dt) {
        //    $dt = getdate() ;
                $splitTimeStamp = explode(" ",$dt);
                $ymd = $splitTimeStamp[0] ;
                $hms = $splitTimeStamp[1] ;
                $vdate = explode('-', $ymd);
                $vtime = explode(':', $hms);
                $yyyy =   str_pad($vdate[0],4,"0",STR_PAD_LEFT);
                $mm  =   str_pad($vdate[1] ,2,"0",STR_PAD_LEFT);
                $dd  =   str_pad($vdate[2] ,2,"0",STR_PAD_LEFT);
                $hh  =   str_pad($vtime[0] ,2,"0",STR_PAD_LEFT);
                $min  =   str_pad($vtime[1] ,2,"0",STR_PAD_LEFT);

            return ($yyyy.$mm.$dd.$hh.$min)   ;
    }
    function getdatetime() {
        $dt = getdate() ;
                $yyyy =   str_pad($dt['year'],4,"0",STR_PAD_LEFT);
                $mm  =   str_pad($dt['mon'] ,2,"0",STR_PAD_LEFT);
                $dd  =   str_pad($dt['mday'] ,2,"0",STR_PAD_LEFT);
                $hh  =   str_pad($dt['hours'] ,2,"0",STR_PAD_LEFT);
                $min  =   str_pad($dt['minutes'] ,2,"0",STR_PAD_LEFT);
                $sec  =   str_pad($dt['seconds'] ,2,"0",STR_PAD_LEFT);
```

```php
        return ($yyyy.$mm.$dd.$hh.$min.$sec)   ;
    }

            function trandatetime1($dt) {
        $yyyy =   substr($dt,0,4);
        $mm  =    substr($dt,4,2);
        $dd  =    substr($dt,6,2);
        $hh  =    substr($dt,8,2);
        $min  =   substr($dt,10,2);
        $sec  =   substr($dt,12,2);

        return ($yyyy."/".$mm."/".$dd." ".$hh.":".$min.":".$sec)   ;
    }
    ?>
```

程式碼：https://github.com/brucetsao/eMap8

表 12 資料庫連線程式

資料庫連線程式(\Connections\iotcnn.php)

```php
<?php
    function Connection()
    {

        $server="localhost";
        $user="xxxxx";
        $pass="xxxxx;
        $db="ncnuiot";
        $connection = mysql_pconnect($server, $user, $pass);

        if (!$connection) {
            die('MySQL ERROR: ' . mysql_error());
        }

        mysql_select_db($db) or die( 'MySQL ERROR: '. mysql_error() );
        mysql_query("SET NAMES UTF8");
        session_start();

        return $connection   ;
```

```
    }
?>
```

程式碼：https://github.com/brucetsao/eMap8

傳送感測資料程式解說

如表 11 透過網頁傳送感測資料到雲端平台程式所示，我們如下表所示：

```
include("../Connections/iotcnn.php");        //使用資料庫的呼叫程式
    //    Connection() ;
```

我們必須將資料庫連線程式：iotcnn.php，包含進雲端平台程式之中。

如表 11 透過網頁傳送感測資料到雲端平台程式所示，我們如下表所示：

```
    $link=Connection();        //產生 mySQL 連線物件
//    mysql_select_db($link, "ncnuiot") ;
```

我們使用 Connection();   //產生 mySQL 連線物件，建立連線物件，並交連
線物件指名給$link 變數。

如表 11 透過網頁傳送感測資料到雲端平台程式所示，我們如下表所示：

```
    $temp0=$_GET["MAC"];        //取得 GET 參數：MAC address
    $temp1=$_GET["T"];        //取得 GET 參數：temperature
    $temp2=$_GET["H"];        //取得 GET 參數：humidity
```

我們使用 Http Get 的的方式，

取得下列變數：

MAC(網路卡編號)：用$temp0 儲存

T(溫度)：用$temp1 儲存

H(濕度)：用$temp3 儲存

如表 11 透過網頁傳送感測資料到雲端平台程式所示，我們如下表所示：

```
$sysdt = getdatetime() ;
```

我們用 getdatetime()來取得系統年月日時分秒的資訊，並用$sysdt 儲存。

如表 11 透過網頁傳送感測資料到雲端平台程式所示，我們如下表所示：

```
$query = sprintf("INSERT INTO ncnuiot. dhtData (mac,systime,tempera-
ture,humidity) VALUES ('%s' , '%s', %f ,
%f )",$temp0,$sysdt,$temp1,$temp2);
    //組成新增到 dhtdata 資料表的 SQL 語法
```

我們使用 sprintf()函式，將 MAC(網路卡編號)、T(溫度)、H(濕度)、getdatetime()
用變數$temp0、$sysdt、$temp1、$temp2，填入 sprintf()函式中的字串，使其成為
『INSERT INTO ncnuiot. dhtData (mac,systime,temperature,humidity) VALUES (網路
卡編號, 系統年月日時分秒的資訊, 溫度, 濕度)』之完整的 SQL 新增資料的敘述。

如表 11 透過網頁傳送感測資料到雲端平台程式所示，我們如下表所示：

```
echo $query ;
echo "<br>" ;
```

我們使用　　echo $query；的命令，將 SQL 新增資料的敘述列印出來，看看是否正確無誤。

如表 11 透過網頁傳送感測資料到雲端平台程式所示，我們如下表所示：

```
if (mysql_query($query,$link))
    {
            echo "Successful <br>" ;
    }
    else
    {
            echo "Fail <br>" ;
    }
```

我們使用 mysql_query($query,$link)，執行 SQL 新增資料的敘述，如果正確無誤的 SQL 新增資料的敘述，則系統完成後印出：Successful 的敘述，失敗則系統印出：Fail 的敘述。

如表 11 透過網頁傳送感測資料到雲端平台程式所示，我們如下表所示：

```
mysql_close($link);              //關閉 Query
```

我們使用 mysql_close($link);，來關閉整個資料庫連線，讓資料庫省下連線負擔。

如表 11 透過網頁傳送感測資料到雲端平台程式所示，我們如下表所示：

```
function getdataorder($dt) {
//    $dt = getdate() ;
      $splitTimeStamp = explode(" ",$dt);
      $ymd = $splitTimeStamp[0] ;
      $hms = $splitTimeStamp[1] ;
      $vdate = explode('-', $ymd);
      $vtime = explode(':', $hms);
      $yyyy =   str_pad($vdate[0],4,"0",STR_PAD_LEFT);
      $mm   =   str_pad($vdate[1] ,2,"0",STR_PAD_LEFT);
      $dd   =   str_pad($vdate[2] ,2,"0",STR_PAD_LEFT);
      $hh   =   str_pad($vtime[0] ,2,"0",STR_PAD_LEFT);
      $min  =   str_pad($vtime[1] ,2,"0",STR_PAD_LEFT);
      $sec  =   str_pad($vtime[2] ,2,"0",STR_PAD_LEFT);

   return ($yyyy.$mm.$dd.$hh.$min.$sec)   ;
}
```

我 們 使 用 getdataorder($dt) 函 式 ， 傳 入 年 月 日 時 分 秒 的 資 料 ， 轉 成 YYYYMMDDHHMMSS 的字串格式回傳。

如表 11 透過網頁傳送感測資料到雲端平台程式所示，我們如下表所示：

```
function getdataorder2($dt) {
//    $dt = getdate() ;
      $splitTimeStamp = explode(" ",$dt);
      $ymd = $splitTimeStamp[0] ;
      $hms = $splitTimeStamp[1] ;
      $vdate = explode('-', $ymd);
      $vtime = explode(':', $hms);
      $yyyy =   str_pad($vdate[0],4,"0",STR_PAD_LEFT);
      $mm   =   str_pad($vdate[1] ,2,"0",STR_PAD_LEFT);
      $dd   =   str_pad($vdate[2] ,2,"0",STR_PAD_LEFT);
      $hh   =   str_pad($vtime[0] ,2,"0",STR_PAD_LEFT);
      $min  =   str_pad($vtime[1] ,2,"0",STR_PAD_LEFT);

   return ($yyyy.$mm.$dd.$hh.$min)   ;
```

```
            }
```

　　我們使用 getdataorder2($dt) 函式，傳入年月日時分秒的資料，轉成
YYYYMMDDHHMM 的字串格式回傳。

　　如表 11 透過網頁傳送感測資料到雲端平台程式所示，我們如下表所示：

```
    function getdatetime() {
      $dt = getdate() ;
          $yyyy =   str_pad($dt['year'],4,"0",STR_PAD_LEFT);
          $mm   =   str_pad($dt['mon'] ,2,"0",STR_PAD_LEFT);
          $dd   =   str_pad($dt['mday'] ,2,"0",STR_PAD_LEFT);
          $hh   =   str_pad($dt['hours'] ,2,"0",STR_PAD_LEFT);
          $min  =   str_pad($dt['minutes'] ,2,"0",STR_PAD_LEFT);
          $sec  =   str_pad($dt['seconds'] ,2,"0",STR_PAD_LEFT);

      return ($yyyy.$mm.$dd.$hh.$min.$sec)   ;
    }
```

　　我們使用 getdatetime() 函式，取得目前系統日期與時間，轉成
YYYYMMDDHHMMSS 的字串格式回傳。

　　如表 11 透過網頁傳送感測資料到雲端平台程式所示，我們如下表所示：

```
        function trandatetime1($dt) {
        $yyyy =   substr($dt,0,4);
        $mm   =   substr($dt,4,2);
        $dd   =   substr($dt,6,2);
        $hh   =   substr($dt,8,2);
        $min  =   substr($dt,10,2);
        $sec  =   substr($dt,12,2);
```

```
        return ($yyyy."/".$mm."/".$dd." ".$hh.":".$min.":".$sec)  ;
    }
```

我們使用 trandatetime1($dt)，傳入年月日時分秒的資料，轉成 YYYY/MM/DD
HH:MM:SS 的字串格式回傳。

資料庫程式解說

如表 12 資料庫連線程式所示，我們如下表所示：

```
function Connection()
{

    $server="localhost";
    $user="xxxxx";
    $pass="xxxxx;
    $db="ncnuiot";
    $connection = mysql_pconnect($server, $user, $pass);

    if (!$connection) {
        die('MySQL ERROR: ' . mysql_error());
    }

    mysql_select_db($db) or die( 'MySQL ERROR: '. mysql_error() );
    mysql_query("SET NAMES UTF8");
    session_start();

    return $connection   ;
}
```

我們必須將資料庫連線程式：iotcnn.php，轉換成 Connection() 函式，會與 mySQL
進行連線後，回傳連線物件。

如表 12 資料庫連線程式所示，我們如下表所示：

```
$server="localhost";
$user="xxxxx";
$pass="xxxxx;
$db="ncnuiot";
```

我們必須設定下列變數：

● $server="localhost";　　設定連線主機，同一台主機就是 localhost
● $user="xxxxx";　　mySQL 資料庫的資料庫使用者帳號名稱
● $pass="xxxxx;　　mySQL 資料庫的資料庫使用者帳號密碼
● $db="ncnuiot";　　我們使用的資料庫名稱

如表 12 資料庫連線程式所示，我們如下表所示：

```
$connection = mysql_pconnect($server, $user, $pass);
```

我們使用上述變數之資訊，使用 mysql_pconnect(主機, 使用者帳號名稱, 使用者帳號密碼); 來與 mySQL 資料庫建立連線，並將連線物件回傳，傳送$connection 變數。

如表 12 資料庫連線程式所示，我們如下表所示：

```
if (!$connection) {
    die('MySQL ERROR: ' . mysql_error());
}
```

如果資料庫連線失敗，則產生錯誤。

如表 12 資料庫連線程式所示，我們如下表所示：

```
mysql_select_db($db) or die( 'MySQL ERROR: '. mysql_error() );
```

使用 mysql_select_db($db)，切換目前使用著資料庫為$db 的內容，本文為：
ncnuiot。

如表 12 資料庫連線程式所示，我們如下表所示：

```
mysql_query("SET NAMES UTF8");
session_start();
```

我們必須將 mySQL 資料庫運作的語系，設定為 Unicode。

實際測試溫溼度 http Get 程式

接下來，我們開啟瀏覽器。

圖 38 開啟瀏覽器

接下來，我們到瀏覽器網址列。

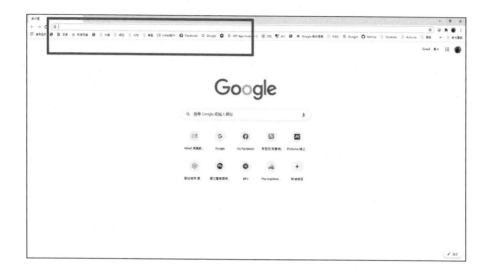

圖 39 切換網址列

接下來，我們輸入測試連線介面網址。

http://ncnu.arduino.org.tw:9999/dhtdata/dhDatatadd.php?MAC=AABBCCDDEEFF&T=34&H=34

圖 40 輸入測試連線介面網址

接下來，我們可以看到傳送資料成功。

INSERT INTO ncnuiot.dhtData (mac,systime,temperature,humidity)
VALUES ('AABBCCDDEEFF','20210228111911',34,34)
Successful

圖 41 傳送資料成功

接下來，我們開啟瀏覽器，是用 phpMyadmin，查看是否資料正確進入資料庫。

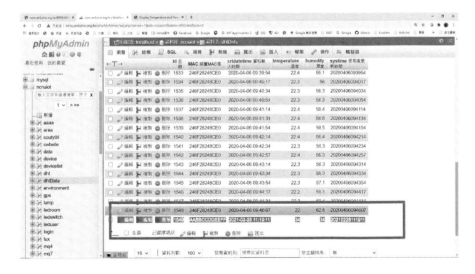

圖 42 資料庫檢核是否傳送資料成功

　　我們發現，所有程式正常運作，網路與資料庫也正常運作，所以我們只要使用
『 http://ncnu.arduino.org.tw:9999/dhtdata/dhDatatadd.php?MAC=網路卡編號&T=溫度
&H=濕度』的 http Get 語法，就可以透過網路介面程式，傳送資料到雲端資料庫平
台了。

章節小結

　　本章主要介紹感測裝置如何上傳到雲端主機，在本章內容中已告訴讀者，從建
立感測器資料上傳的對應的資料表與對應 php 連接資料的方式，最後整合使用 http
Get 語法，就可以透過網路介面程式，傳送資料到雲端資料庫平台了，至於其他方
式資料上傳也都是大同小異，相信讀者可以融會貫通。

5

CHAPTER

微處理機讀取溫溼度感測器

筆者為了工業控制，開發了一個以 NodeMCU-32S Lua WiFi 物聯網開發板為核心的控制板。

工業控制板

筆者為了工業控制，開發了一個以 NodeMCU-32S Lua WiFi 物聯網開發板為核心的控制板，如下圖所示，我們可以看到工業控制板 PCB 板，中間單晶片的部分是 NodeMCU-32S Lua WiFi 物聯網開發板，左邊部分是如圖 50 所示之 RS-485 轉 TTL 訊號轉換器。

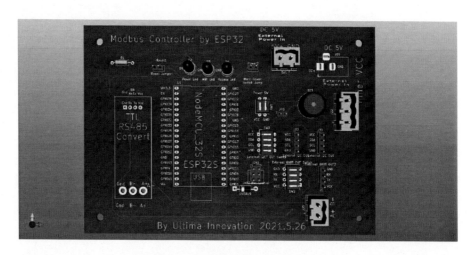

圖 43　工業控制板 PCB 板

筆者江上圖所示之工業控制板 PCB 板，裝上零件之後，就變成如下圖所示之雲端控制的工業控制板。

讀者可以在筆者的賣場：RS-485 (Modbus) Controller(氣象站或工業控制用)，網址：https://www.ruten.com.tw/item/show?22121673807098，買到開發板+零件包，或者單買 PCB 板，RS-485 (Modbus) Controller PCB(氣象站或工業控制用)，網址：

https://www.ruten.com.tw/item/show?22121673807245。有興趣的讀者可以參閱之。

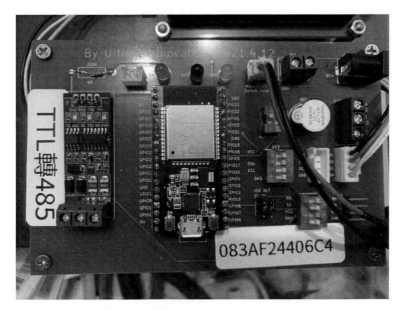

圖 44　完成零件與電路組立工業控制板

工業控制器通訊匯流排整合板

　　筆者為了能更讓上圖所示之上圖所示之工業控制板，可以連接更多的工業裝置，於是為了可以與更多的工業 RS-485 通訊標準裝置結合，開發了一個 RS-485 通訊匯流排板，如下圖所示，是如圖 50 所示之 RS-485 通訊匯流排整合板 PCB 板。

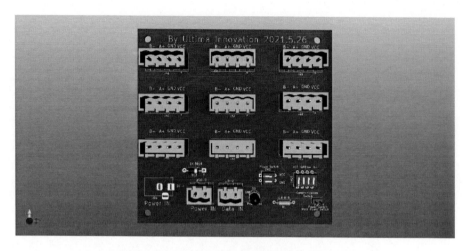

圖 45　RS-485 通訊匯流排整合板 PCB 板

　　筆者為了能更讓更多的工業控制裝置可以輕鬆連接上，於是筆者設計了九組端子，並設計了統一個外接電源，可以為九組端子的工業控制裝置提供電力，如下圖所示，是如下圖所示之 RS-485 通訊匯流排整合板完整圖。

圖 46　完成零件組立之 RS-485 通訊匯流排整合板

溫溼度感測器硬體介紹

　　筆者於前幾章介紹的工業級溫溼度感測模組，因為精度、品質、耐用度…等都相當優秀，筆者在欠缺資源之下，便向淘寶網(https://world.taobao.com/)尋找可用、便宜、等值的工業級溫溼度感測模組，最後發現淘寶商家：都會明武電子(https://shop111496966.world.taobao.com/?spm=2013.1.1000126.3.90d9274bOTdM2M)有販賣：溫湿度变送器 Modbus SHT20 传感器 工业级 高精度 温湿度监测，網址：https://item.taobao.com/item.htm?spm=a1z09.2.0.0.34ef2e8d4IFe86&id=585611956869&_u=ovlvti9044d，，產品外觀如下圖所示：

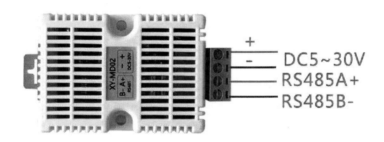

圖 47　SHT20 溫濕度感測模組式

　　如下圖所示，我們可以看到 SHT20 溫濕度感測模組的產品參數。

产品品牌	欣易电子	温度精度	±0.5℃ (25℃)
产品名称	温湿度变送器	湿度精度	±3%RH
直流供电	DC5-30V	温度量程	-40℃~+60℃
输出信号	RS485信号	湿度量程	0%RH~80%RH
通讯协议	Modbus-RTU协议 和自定义普通协议	温度分辨率	0.1℃
通信地址	1~247可设，默认1	湿度分辨率	0.1%RH
波特率	可设置，默认9600 8位数据，1位停止，无校验	设备功耗	≤ 0.2W

圖 48 產品參數圖

如下圖所示，我們可以看到 SHT20 溫濕度感測模組的電路接腳。

圖 49　SHT20 溫濕度感測模組接線方式

通訊協定轉換(硬體通訊)

如下圖所示，筆者使用 RS-485 轉 TTL 訊號轉換器來讀取上圖所示之工業級溫溼度感測模組：SHT20 溫濕度感測模組，就可以將工業級的 RS-485 訊號轉換成 NodeMCU-32S Lua WiFi 物聯網開發板可以讀取的 UART 之 TTL 訊號。

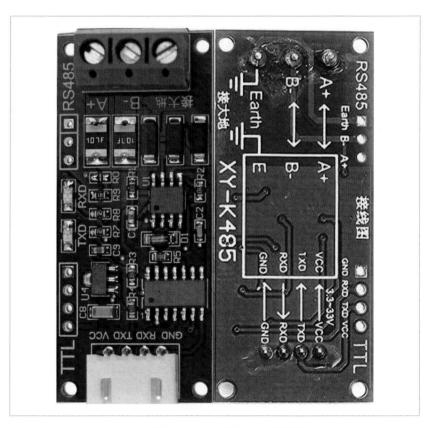

圖 50 RS-485 轉 TTL 轉換器

如下圖所示，把這些感測元件，加上 NodeMCU-32S Lua WiFi 物聯網開發板，與連接電路，完成下圖之電路圖。

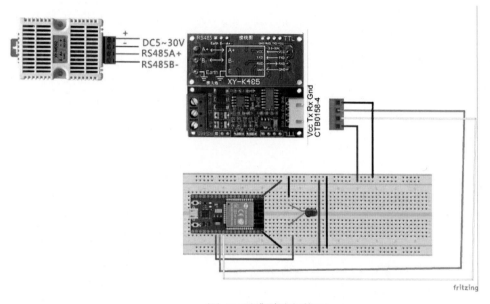

圖 51 硬體電路架構圖

接下來我們參考上圖的硬體電路架構圖，來實際用洞洞板連接實體電路，繼續做下去。

工業控制板系統整合

我們將根據上圖所示之實際硬體電路組裝圖，並將圖 45 之 PCB 裝上零件與 NodeMCU-32S Lua WiFi 物聯網開發板，完成圖 44 的完成零件與電路組立工業控制板，加上 LCD 2004 顯示螢幕後，整合為如圖 52.(a)所示之工業溫溼度控制系統主控板。

接下來將如圖 12 所示之 SHT20 溫濕度感測模組與如圖 46 所示之完成零件組立之 RS-485 通訊匯流排整合板整合後，完成如圖 52.(b)所示之工業裝置與通訊匯流板。

接下來將兩者結合，完成如下圖所示之實際硬體電路組裝圖。

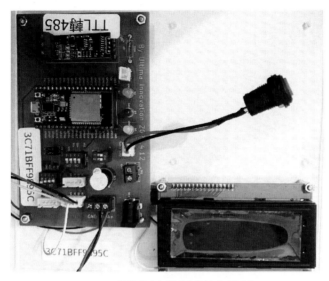

(a). 工業溫溼度控制系統主控板

(b). 工業裝置與通訊匯流板

圖 52 實際硬體電路組裝圖

將讀取溫溼度感測器等感測值送到雲端

我們將 NodeMCU-32S Lua WiFi 物聯網開發板的驅動程式安裝好之後，我們打開 Arduino 開發板的開發工具：Sketch IDE 整合開發軟體(軟體下載請到：https://www.arduino.cc/en/Main/Software)，攥寫一段程式，如下表所示之透過 WIFI 模組傳送感測資料程式，透過 NodeMCU-32S Lua WiFi 物聯網開發板，將讀取溫溼度感測器等模組感測值送到網頁上。

表 13 溫溼度感測器傳送雲端程式

溫溼度感測器傳送雲端程式(ESP32_SHT20_Modbus2Clouding)

```
//----------------------
#include "arduino_secrets.h"
#include "crc16.h"
#include <WiFi.h>
#include <WiFiMulti.h>
uint8_t connectstatus ;

WiFiMulti wifiMulti;


//char ssid[] = SECRET_SSID;           // your network SSID (name)
//char pass[] = SECRET_PASS;       // your network password (use for WPA,
or use as key for WEP)
int keyIndex = 0;                // your network key Index number (needed
only for WEP)
             // your network key Index number (needed only for WEP)

  IPAddress ip ;
  long rssi ;

int status = WL_IDLE_STATUS;
char iotserver[] = "ncnu.arduino.org.tw";      // name address for Google (us-
ing DNS)
```

```
int iotport = 9999 ;
// Initialize the Ethernet client library
// with the IP address and port of the server
// that you want to connect to (port 80 is default for HTTP):
String strGet="GET /dhtdata/dhDatatadd.php";
String strHttp=" HTTP/1.1";
String strHost="Host: ncnu.arduino.org.tw:9999";   //OK
 String connectstr ;
String MacData ;
WiFiClient client;

//   control parameter
boolean systemstatus = false ;
boolean Reading = false ;
boolean Readok = false ;
// int trycount = 0 ;
int wifierror = 0 ;
boolean btnflag = false ;
//---------------

String   print2HEX(int number) {
   String ttt ;
   if (number >= 0 && number < 16)
   {
      ttt = String("0") + String(number,HEX);
   }
   else
   {
       ttt = String(number,HEX);
   }
   ttt.toUpperCase() ;
   return ttt ;
}
```

```
void printWiFiStatus() {
  // printStrTemp the SSID of the network you're attached to:
  Serial.print("SSID: ");
  Serial.println(WiFi.SSID());

  // print your WiFi shield's IP address:
  ip = WiFi.localIP();
  Serial.print("IP Address: ");
  Serial.println(ip);

  // print the received signal strength:
  rssi = WiFi.RSSI();
  Serial.print("signal strength (RSSI):");
  Serial.print(rssi);
  Serial.println(" dBm");
}

String GetMacAddress() {
  // the MAC address of your WiFi shield
  String Tmp = "" ;
  byte mac[6];

  // print your MAC address:
  WiFi.macAddress(mac);
  for (int i=0; i<6; i++)
    {
        Tmp.concat(print2HEX(mac[i])) ;
    }
    Tmp.toUpperCase() ;
  return Tmp ;
}
```

```
void initAll()
{
    Serial.begin(9600);
     Serial2.begin(9600, SERIAL_8N1, RXD2, TXD2);
  Serial.println("System Start") ;
  MacData = GetMacAddress() ;
    wifiMulti.addAP(AP1, PW1);
    wifiMulti.addAP(AP2, PW2);
    wifiMulti.addAP(AP3, PW3);
    Serial.println("Connecting Wifi...");
  // wifiMulti.run(15000) ;
    while(wifiMulti.run() != WL_CONNECTED)
    {
        Serial.print("~");
    }
  // else
  //  {
  //             Serial.println("Rebooting.") ;
  //             ESP.restart();
  //    }
        Apname = WiFi.SSID();
        ip = WiFi.localIP();
        Serial.println("");
        Serial.print("Successful Connectting to Access Point:");
        Serial.println(WiFi.SSID());
        Serial.print("\n");

        Serial.println("WiFi connected");
        Serial.println("IP address: ");
        Serial.println(ip);
         //ShowAP() ;




}
```

```
void ShowInternet()
{
    ShowMAC() ;
    ShowIP()   ;
}

String SPACE(int sp)
{
    String tmp = "" ;
    for (int i = 0 ; i < sp; i++)
      {
          tmp.concat(' ')   ;
      }
    return tmp ;
}


String strzero(long num, int len, int base)
{
   String retstring = String("");
   int ln = 1 ;
     int i = 0 ;
     char tmp[10] ;
     long tmpnum = num ;
     int tmpchr = 0 ;
     char hexcode[]={'0','1','2','3','4','5','6','7','8','9','A','B','C','D','E','F'} ;
     while (ln <= len)
     {
         tmpchr = (int)(tmpnum % base) ;
         tmp[ln-1] = hexcode[tmpchr] ;
         ln++ ;
          tmpnum = (long)(tmpnum/base) ;


     }
     for (i = len-1; i >= 0 ; i --)
       {
```

```
                    retstring.concat(tmp[i]);
        }

    return retstring;
}

unsigned long unstrzero(String hexstr, int base)
{
    String chkstring   ;
    int len = hexstr.length() ;

        unsigned int i = 0 ;
        unsigned int tmp = 0 ;
        unsigned int tmp1 = 0 ;
        unsigned long tmpnum = 0 ;
        String hexcode = String("0123456789ABCDEF") ;
        for (i = 0 ; i < (len ) ; i++)
        {
//        chkstring= hexstr.substring(i,i) ;
            hexstr.toUpperCase() ;
                tmp = hexstr.charAt(i) ;     // give i th char and return this char
                tmp1 = hexcode.indexOf(tmp) ;
            tmpnum = tmpnum + tmp1* POW(base,(len -i -1) )    ;



        }
    return tmpnum;
}

long POW(long num, int expo)
{
    long tmp =1 ;
    if (expo > 0)
    {
            for(int i = 0 ; i< expo ; i++)
              tmp = tmp * num ;
            return tmp ;
    }
```

```
  else
  {
   return tmp ;
  }
}




void setup()
{

  //Initialize serial and wait for port to open:
     initAll() ;
     phasestage=1 ;
     flag1 = false ;
     flag2 = false ;



}
void requesttemperature()
{
     Serial.println("now send data to device") ;
     Serial2.write(Str1,8);
      Serial.println("end sending") ;
}
void requesthumidity()
{
     Serial.println("now send data to device") ;
     Serial2.write(Str2,8);
      Serial.println("end sending") ;
}

void requestdata()
{
     Serial.println("now send request to device") ;
     Serial2.write(StrTemp,8);
```

```
        Serial.println("end sending") ;
}
int GetDHTdata(byte *dd)
{
    int count = 0 ;
    long strtime= millis() ;
    while ((millis() -strtime) < 2000)
        {
        if (Serial2.available()>0)
            {
            Serial.println("Controler Respones") ;
                while (Serial2.available()>0)
                {
                    Serial2.readBytes(&cmd,1) ;
                    Serial.print(print2HEX((int)cmd)) ;
                     *(dd+count) =cmd ;
                     count++ ;

                }
                Serial.print("\n---------\n") ;
            }
            return count ;
        }

}
void loop()
{
    if ((phasestage==1) && flag1 && flag1)
    {
        Serial.print("From Device :(") ;
        Serial.print((float)temp/10) ;
        Serial.print(" .C / ") ;
        Serial.print((float)humid/10) ;
        Serial.print(")\n") ;
        // Senddata to nas here
        flag1 = false ;
        flag2 = false ;
```

```
    SendtoNAS() ;
  delay(30000) ;
  return ;
}
if (phasestage == 1)
  {
        requesttemperature() ;
  }
if (phasestage == 2)
  {
        requesthumidity() ;
  }

  delay(200);
  receivedlen = GetDHTdata(receiveddata) ;
  if (receivedlen >2)
    {
                Serial.print("Data Len:") ;
                Serial.print(receivedlen) ;
                Serial.print("\n") ;
                Serial.print("CRC:") ;
                Serial.print(ModbusCRC16(receiveddata,receivedlen-2)) ;
                Serial.print("\n") ;
                for (int i = 0 ; i <receivedlen ; i++)
                  {
                     Serial.print(receiveddata[i],HEX) ;
                     Serial.print("/") ;
                  }
                     Serial.print("...\n") ;
                Serial.print("CRC Byte:") ;
                Serial.print(receiveddata[receivedlen-1],HEX) ;
                Serial.print("/") ;
                Serial.print(receiveddata[receivedlen-2],HEX) ;
                Serial.print("\n") ;
            if (CompareCRC16(ModbusCRC16(receiveddata,receivedlen-
2),receiveddata[receivedlen-1],receiveddata[receivedlen-2]))
                {
                  if (phasestage == 1)
```

```
                    {
                        temp = receiveddata[3]*256+receiveddata[4] ;
                        flag1 = true ;
                        phasestage=2 ;
                        return ;
                    }
                    if (phasestage == 2)
                    {
                        humid = receiveddata[3]*256+receiveddata[4] ;
                        flag2 = true ;
                        phasestage=1 ;
                        return ;
                    }

            }
        }

        delay(5000) ;
} // END Loop


void SendtoNAS()
{
    //http://ncnu.arduino.org.tw:9999/dhtdata/dhData-
tadd.php?MAC=AABBCCDDEEFF&T=34&H=34     //AccessOn() ;
    connectstr = "?MAC=" + MacData + "&T=" + String((double)temp/10) +
"&H=" + String((double)humid/10);
    Serial.println(connectstr) ;
    if (client.connect(iotserver, iotport)) {
        Serial.println("Make a HTTP request ... ");
        //### Send to Server
        String strHttpGet = strGet + connectstr + strHttp;
        Serial.println(strHttpGet);

        client.println(strHttpGet);
        client.println(strHost);
        client.println();
    }
```

```
if (client.connected())
{
   client.stop();   // DISCONNECT FROM THE SERVER
}

//AccessOff() ;

}
```

程式碼：https://github.com/brucetsao/eMap8

表 14 透過 WIFI 模組傳送感測資料程式二

透過 WIFI 模組傳送感測資料程式(arduino_secrets.h)

```
#include <String.h>

#define RXD2 16
#define TXD2 17
String Apname;


char Oledchar[30] ;
char* AP3 = "lab309" ;
char* PW3 = "";
char* AP2 = "NCNUIOT" ;
char* PW2 = "12345678";
char* AP1 = "BrucetsaoXR" ;
char* PW1 = "12345678";


#define maxfeekbacktime 5000
long temp , humid ;
byte cmd ;
byte receiveddata[250] ;
int receivedlen = 0 ;
byte StrTemp[] = {0x01,0x04,0x00,0x01,0x00,0x02,0x20,0x0B}   ;
byte Str1[] = {0x01,0x04,0x00,0x01,0x00,0x01,0x60,0x0A}   ;
```

```
byte Str2[] = {0x01,0x04,0x00,0x02,0x00,0x01,0x90,0x0A}  ;
int phasestage=1 ;
boolean flag1 = false ;
boolean flag2 = false ;
```

程式碼：https://github.com/brucetsao/eMap8

表 15 透過 WIFI 模組傳送感測資料程式三

透過 WIFI 模組傳送感測資料程式(crc16.h)

``
    static const unsigned int wCRCTable[] = {
        0X0000, 0XC0C1, 0XC181, 0X0140, 0XC301, 0X03C0, 0X0280,
0XC241,
        0XC601, 0X06C0, 0X0780, 0XC741, 0X0500, 0XC5C1, 0XC481,
0X0440,
        0XCC01, 0X0CC0, 0X0D80, 0XCD41, 0X0F00, 0XCFC1, 0XCE81,
0X0E40,
        0X0A00, 0XCAC1, 0XCB81, 0X0B40, 0XC901, 0X09C0, 0X0880,
0XC841,
        0XD801, 0X18C0, 0X1980, 0XD941, 0X1B00, 0XDBC1, 0XDA81,
0X1A40,
        0X1E00, 0XDEC1, 0XDF81, 0X1F40, 0XDD01, 0X1DC0, 0X1C80,
0XDC41,
        0X1400, 0XD4C1, 0XD581, 0X1540, 0XD701, 0X17C0, 0X1680,
0XD641,
        0XD201, 0X12C0, 0X1380, 0XD341, 0X1100, 0XD1C1, 0XD081,
0X1040,
        0XF001, 0X30C0, 0X3180, 0XF141, 0X3300, 0XF3C1, 0XF281,
0X3240,
        0X3600, 0XF6C1, 0XF781, 0X3740, 0XF501, 0X35C0, 0X3480,
0XF441,
        0X3C00, 0XFCC1, 0XFD81, 0X3D40, 0XFF01, 0X3FC0, 0X3E80,
0XFE41,
        0XFA01, 0X3AC0, 0X3B80, 0XFB41, 0X3900, 0XF9C1, 0XF881,
0X3840,
``

0X2800, 0XE8C1, 0XE981, 0X2940, 0XEB01, 0X2BC0, 0X2A80, 0XEA41,

0XEE01, 0X2EC0, 0X2F80, 0XEF41, 0X2D00, 0XEDC1, 0XEC81, 0X2C40,

0XE401, 0X24C0, 0X2580, 0XE541, 0X2700, 0XE7C1, 0XE681, 0X2640,

0X2200, 0XE2C1, 0XE381, 0X2340, 0XE101, 0X21C0, 0X2080, 0XE041,

0XA001, 0X60C0, 0X6180, 0XA141, 0X6300, 0XA3C1, 0XA281, 0X6240,

0X6600, 0XA6C1, 0XA781, 0X6740, 0XA501, 0X65C0, 0X6480, 0XA441,

0X6C00, 0XACC1, 0XAD81, 0X6D40, 0XAF01, 0X6FC0, 0X6E80, 0XAE41,

0XAA01, 0X6AC0, 0X6B80, 0XAB41, 0X6900, 0XA9C1, 0XA881, 0X6840,

0X7800, 0XB8C1, 0XB981, 0X7940, 0XBB01, 0X7BC0, 0X7A80, 0XBA41,

0XBE01, 0X7EC0, 0X7F80, 0XBF41, 0X7D00, 0XBDC1, 0XBC81, 0X7C40,

0XB401, 0X74C0, 0X7580, 0XB541, 0X7700, 0XB7C1, 0XB681, 0X7640,

0X7200, 0XB2C1, 0XB381, 0X7340, 0XB101, 0X71C0, 0X7080, 0XB041,

0X5000, 0X90C1, 0X9181, 0X5140, 0X9301, 0X53C0, 0X5280, 0X9241,

0X9601, 0X56C0, 0X5780, 0X9741, 0X5500, 0X95C1, 0X9481, 0X5440,

0X9C01, 0X5CC0, 0X5D80, 0X9D41, 0X5F00, 0X9FC1, 0X9E81, 0X5E40,

0X5A00, 0X9AC1, 0X9B81, 0X5B40, 0X9901, 0X59C0, 0X5880, 0X9841,

0X8801, 0X48C0, 0X4980, 0X8941, 0X4B00, 0X8BC1, 0X8A81, 0X4A40,

0X4E00, 0X8EC1, 0X8F81, 0X4F40, 0X8D01, 0X4DC0, 0X4C80, 0X8C41,

0X4400, 0X84C1, 0X8581, 0X4540, 0X8701, 0X47C0, 0X4680, 0X8641,

```c
       0X8201, 0X42C0, 0X4380, 0X8341, 0X4100, 0X81C1, 0X8081,
0X4040 };

unsigned int    ModbusCRC16 (byte *nData, int wLength)
{


    byte nTemp;
    unsigned int wCRCWord = 0xFFFF;

    while (wLength--)
    {
        nTemp = *nData++ ^ wCRCWord;
        wCRCWord >>= 8;
        wCRCWord   ^= wCRCTable[nTemp];
    }
    return wCRCWord;
} // End: CRC16


boolean CompareCRC16(unsigned int stdvalue, uint8_t Hi, uint8_t Lo)
{

    if (stdvalue == Hi*256+Lo)
      {
           return true ;
      }
      else
       {
           return false ;
       }
}
```

程式碼：https://github.com/brucetsao/eMap8

傳送感測資料程式解說

如表 13 溫溼度感測器傳送雲端程式所示，我們如下表所示：

```
char iotserver[] = "ncnu.arduino.org.tw";        // name address for Google (us-
ing DNS)
int iotport = 9999 ;
```

我們使用網址：ncnu.arduino.org.tw，通訊埠：9999 的網站主機，當作雲端平台。

如表 13 溫溼度感測器傳送雲端程式所示，我們如下表所示：

```
String strGet="GET /dhtdata/dhDatatadd.php";
String strHttp=" HTTP/1.1";
String strHost="Host: ncnu.arduino.org.tw:9999";    //OK
```

我們使用網址：ncnu.arduino.org.tw/dhtdata/dhDatatadd.php，的程式，當作整個裝置端的介面程式。

如表 13 溫溼度感測器傳送雲端程式所示，我們如下表所示：

```
   http://ncnu.arduino.org.tw:9999/dhtdata/dhData-
tadd.php?MAC=AABBCCDDEEFF&T=34&H=34
```

我們使用 Http Get 的的方式，使用 http://ncnu.arduino.org.tw:9999/dht-data/dhDatatadd.php?MAC=AABBCCDDEEFF&T=34&H=34，的格式，來傳送溫度與溼度等資料，將上面資料連同裝置相關資訊一同傳送給雲端平台。同傳送給雲端平台。

如表 13 溫溼度感測器傳送雲端程式所示，我們如下表所示：

```
http://ncnu.arduino.org.tw:9999/dhtdata/dhData-
tadd.php?MAC=AABBCCDDEEFF&T=34&H=34
```

我們使用 Http Get 的的方式，使用 http://ncnu.arduino.org.tw:9999/dht-
data/dhDatatadd.php?MAC= 裝置的網路卡號碼&T=溫度(攝氏單位)&H=濕度(百分
比)，的格式，來傳送裝置網路卡編號、溫度與溼度等資料，將上面資料連同裝置
相關資訊一同傳送給雲端平台。

如表 13 溫溼度感測器傳送雲端程式所示，我們如下表所示：

```
void SendtoNAS()
{
  //http://ncnu.arduino.org.tw:9999/dhtdata/dhData-
tadd.php?MAC=AABBCCDDEEFF&T=34&H=34     //AccessOn() ;
  connectstr = "?MAC=" + MacData + "&T=" + String((double)temp/10) +
"&H=" + String((double)humid/10);
  Serial.println(connectstr) ;
  if (client.connect(iotserver, iotport)) {
    Serial.println("Make a HTTP request ... ");
    //### Send to Server
    String strHttpGet = strGet + connectstr + strHttp;
    Serial.println(strHttpGet);

    client.println(strHttpGet);
    client.println(strHost);
    client.println();
  }

  if (client.connected())
  {
    client.stop();   // DISCONNECT FROM THE SERVER
  }
```

```
    //AccessOff() ;

}
```

我們使用上述程式,我們透過 SendtoNAS()的函式,傳送資料到雲端平台。

我們透過字串組立:connectstr = "?MAC=" + MacData + "&T=" + String((double)temp/10) + "&H=" + String((double)humid/10);

資料格式如下:

● MAC =MacData(網路卡編號)
● T= String((double)temp/10) (溫度:攝氏)
● H= String((double)humid/10) (濕度:百分比)

如表 13 溫溼度感測器傳送雲端程式所示,我們如下表所示:

```
byte Str1[] = {0x01,0x04,0x00,0x01,0x00,0x01,0x60,0x0A}   ;
```

我們使用上述程式,我們透過 Str1[]的變數,儲存 SHT20 溫濕度感測模組之 Modbus 要求溫度的串列命令。

如表 13 溫溼度感測器傳送雲端程式所示,我們如下表所示:

```
byte Str2[] = {0x01,0x04,0x00,0x02,0x00,0x01,0x90,0x0A}   ;
```

我們使用上述程式,我們透過 Str[]的變數,儲存 SHT20 溫濕度感測模組之 Modbus 要求濕度的串列命令。

如表 13 溫溼度感測器傳送雲端程式所示,我們如下表所示:

```
byte receiveddata[250] ;
int receivedlen = 0 ;
```

我們使用上述程式,我們透過 byte receiveddata[250] ;的變數,儲存 SHT20 溫濕度感測模組之 Modbus 回傳資料之變數暫存區，透過 int receivedlen = 0 ;;的變數，儲存 SHT20 溫濕度感測模組之 Modbus 回傳資料之變數長度。

如表 13 溫溼度感測器傳送雲端程式所示，我們如下表所示：

```
int phasestage=1 ;
```

我們使用上述程式，我們透過 phasestage 變數，紀錄目前要求 SHT20 溫濕度感測模組進行到哪一個階段。

如表 13 溫溼度感測器傳送雲端程式所示，我們如下表所示：

```
boolean flag1 = false ;
```

我們使用上述程式，我們透過 flag1 變數，紀錄目前要求 SHT20 溫濕度感測模組是否已完成讀取溫度。

如表 13 溫溼度感測器傳送雲端程式所示，我們如下表所示：

```
boolean flag2 = false ;
```

我們使用上述程式，我們透過 flag2 變數，紀錄目前要求 SHT20 溫濕度感測模組是否已完成讀取濕度。

如表 13 溫溼度感測器傳送雲端程式所示，我們如下表所示：

```
char* AP2 = "NCNUIOT" ;
char* PW2 = "12345678";
char* AP1 = "BrucetsaoXR" ;
char* PW1 = "12345678";
```

我們使用上述程式，我們透過 APx & PWx 變數，儲存可以連線的熱點之名稱與密碼。

如表 13 溫溼度感測器傳送雲端程式所示，我們如下表所示：

```
    Serial.begin(9600);
Serial.println("System Start") ;
```

我們使用上述程式，我們開啟開發板與 PC 端串列通訊，並設定串列通訊的速度為 9600 bps(每秒多少 bits)。

接下來傳送"System Start"到 PC 端串列埠。

如表 13 溫溼度感測器傳送雲端程式所示，我們如下表所示：

```
    Serial2.begin(9600, SERIAL_8N1, RXD2, TXD2);
```

我們使用上述程式，我們建立與，紀錄目前要求 SHT20 溫濕度感測模組通訊的 UART 通訊物件，本文使用 Serial2 通訊物件，腳位使用 RXD2, TXD2，通訊命令格式使用 SERIAL_8N1，速度使用 9600。

如表 13 溫溼度感測器傳送雲端程式所示，我們如下表所示：

```
    MacData = GetMacAddress() ;
```

我們使用上述程式，我們透過 GetMacAddress() ;的函式，取得裝置的網路卡編號，並儲存在 MacData 變數之中。

如表 13 溫溼度感測器傳送雲端程式所示，我們如下表所示：

```
    wifiMulti.addAP(AP1, PW1);
    wifiMulti.addAP(AP2, PW2);
```

我們使用上述程式，我們透過 wifiMulti.addAP(熱點名稱, 熱點密碼);，來加入一台我們可以連線的熱點，一列加入一台可以連線的熱點。

如表 13 溫溼度感測器傳送雲端程式所示,我們如下表所示:

```
Serial.println("Connecting Wifi...");
// wifiMulti.run(15000) ;
 while(wifiMulti.run() != WL_CONNECTED)
 {
     Serial.print("~");
 }
```

我們使用上述程式,我們透過 wifiMulti.run()的函式,啟動熱點連線(曹永忠, 蔡英德, et al., 2020a, 2020b)。

如表 13 溫溼度感測器傳送雲端程式所示,我們如下表所示:

```
Apname = WiFi.SSID();
ip = WiFi.localIP();
Serial.println("");
Serial.print("Successful Connectting to Access Point:");
Serial.println(WiFi.SSID());
Serial.print("\n");

Serial.println("WiFi connected");
Serial.println("IP address: ");
Serial.println(ip);
```

我們使用上述程式,我們透過 Apname = WiFi.SSID();,取得連上的熱點,並存在 Apname 變數之中。

我們使用上述程式,我們透過 ip = WiFi.localIP();,取得連上熱點之後取得的 IP 位址,並存在 ip 變數之中。

如表 13 溫溼度感測器傳送雲端程式所示,我們如下表所示:

```
initAll() ;
```

我們使用上述程式,我們透過 initAll() ;的函式,初始化所有周邊。

如表 13 溫溼度感測器傳送雲端程式所示，我們如下表所示：

```
phasestage=1 ;
flag1 = false ;
flag2 = false ;
```

我們使用上述程式，我們初始化 SHT20 溫濕度感測模組的讀取資料控制階段
之變數，變數用處請參考上面所述。

如表 13 溫溼度感測器傳送雲端程式所示，我們如下表所示：

```
void requesttemperature()
{
    Serial.println("now send data to device") ;
    Serial2.write(Str1,8);
     Serial.println("end sending") ;
}
```

我們使用上述程式，我們透過 requesttemperature()的函式，要求 SHT20 溫濕度
感測模組傳送溫度資料。

如表 13 溫溼度感測器傳送雲端程式所示，我們如下表所示：

```
void requesthumidity()
{
    Serial.println("now send data to device") ;
    Serial2.write(Str2,8);
     Serial.println("end sending") ;
}
```

我們使用上述程式，我們透過 requesthumidity()的函式，要求 SHT20 溫濕度感
測模組傳送濕度資料。

如表 13 溫溼度感測器傳送雲端程式所示，我們如下表所示：

```
if (phasestage == 1)
  {
      requesttemperature() ;
  }
```

我們使用上述程式，如果在第一階段，我們用 requesttemperature()的函式，要求 SHT20 溫濕度感測模組傳送溫度資料。

如表 13 溫溼度感測器傳送雲端程式所示，我們如下表所示：

```
if (phasestage == 2)
  {
      requesthumidity() ;
  }
```

我們使用上述程式，如果在第二階段，我們用 requesthumidity()的函式，要求 SHT20 溫濕度感測模組傳送濕度資料。

如表 13 溫溼度感測器傳送雲端程式所示，我們如下表所示：

```
delay(200);
```

我們使用上述程式，等待 0.2 秒回傳資料

如表 13 溫溼度感測器傳送雲端程式所示，我們如下表所示：

```
receivedlen = GetDHTdata(receiveddata) ;
```

我們使用上述程式，我們透過 GetDHTdata(receiveddata)的函式，取回 SHT20 溫濕度感測模組傳送溫度或濕度的資料。

如表 13 溫溼度感測器傳送雲端程式所示，我們如下表所示：

```
if (receivedlen >2)
  {
          Serial.print("Data Len:") ;
          Serial.print(receivedlen) ;
          Serial.print("\n") ;
```

```
Serial.print("CRC:") ;
Serial.print(ModbusCRC16(receiveddata,receivedlen-2)) ;
Serial.print("\n") ;
for (int i = 0 ; i <receivedlen ; i++)
  {
    Serial.print(receiveddata[i],HEX) ;
    Serial.print("/") ;
  }
    Serial.print("...\n") ;
Serial.print("CRC Byte:") ;
Serial.print(receiveddata[receivedlen-1],HEX) ;
Serial.print("/") ;
Serial.print(receiveddata[receivedlen-2],HEX) ;
Serial.print("\n") ;
if (CompareCRC16(ModbusCRC16(receiveddata,receivedlen-
2),receiveddata[receivedlen-1],receiveddata[receivedlen-2]))
    {
        if (phasestage == 1)
        {
            temp = receiveddata[3]*256+receiveddata[4] ;
            flag1 = true ;
            phasestage=2 ;
            return ;
        }
        if (phasestage == 2)
        {
            humid = receiveddata[3]*256+receiveddata[4] ;
            flag2 = true ;
            phasestage=1 ;
            return ;
        }

    }
}
```

　　我們使用上述程式，我們判斷回傳資料大於二，進行判斷 SHT20 溫濕度感測
模組傳送溫度或濕度資料。

如表 13 溫溼度感測器傳送雲端程式所示，我們如下表所示：

```
                    Serial.print("Data Len:") ;
                    Serial.print(receivedlen) ;
                    Serial.print("\n") ;
                    Serial.print("CRC:") ;
                    Serial.print(ModbusCRC16(receiveddata,receivedlen-2)) ;
                    Serial.print("\n") ;
                    for (int i = 0 ; i <receivedlen ; i++)
                      {
                         Serial.print(receiveddata[i],HEX) ;
                         Serial.print("/") ;
                      }
                         Serial.print("...\n") ;
                    Serial.print("CRC Byte:") ;
                    Serial.print(receiveddata[receivedlen-1],HEX) ;
                    Serial.print("/") ;
                    Serial.print(receiveddata[receivedlen-2],HEX) ;
                    Serial.print("\n") ;
```

我們使用上述程式，我們列印回傳的資料。

如表 13 溫溼度感測器傳送雲端程式所示，我們如下表所示：

```
        if (CompareCRC16(ModbusCRC16(receiveddata,receivedlen-
2),receiveddata[receivedlen-1],receiveddata[receivedlen-2]))
            {
                if (phasestage == 1)
                {
                    temp = receiveddata[3]*256+receiveddata[4] ;
                    flag1 = true ;
                    phasestage=2 ;
                    return ;
                }
                if (phasestage == 2)
                {
```

```
                    humid = receiveddata[3]*256+receiveddata[4] ;
                    flag2 = true ;
                    phasestage=1 ;
                    return ;
                }

            }
```

我們使用上述程式，我們透過

CompareCRC16(ModbusCRC16(receiveddata,receivedlen-2),receiveddata[receivedlen-1],re-

ceiveddata[receivedlen-2])的函式，判斷 CRC16 是否正確，正確的話進入判斷資料。

如表 13 溫溼度感測器傳送雲端程式所示，我們如下表所示：

```
            if (phasestage == 1)
            {
                    temp = receiveddata[3]*256+receiveddata[4] ;
                    flag1 = true ;
                    phasestage=2 ;
                    return ;
            }
```

我們使用上述程式，我們透過 phasestage == 1 的判斷，將回傳 SHT20 溫濕度感
測模組的傳送資料判斷為溫度，並將內容儲存到 temp 變數之中，並執行 phasestage=2
且離開 loop 程式。到雲端平台。

如表 13 溫溼度感測器傳送雲端程式所示，我們如下表所示：

```
            if (phasestage == 2)
            {
                    humid = receiveddata[3]*256+receiveddata[4] ;
                    flag2 = true ;
                    phasestage=1 ;
                    return ;
```

```
      }
```

我們使用上述程式，我們透過 phasestage == 2 的判斷，將回傳 SHT20 溫濕度感測模組的傳送資料判斷為濕度，並將內容儲存到 humid 變數之中，並執行 phasestage=1 且離開 loop 程式。到雲端平台。

如表 13 溫溼度感測器傳送雲端程式所示，我們如下表所示：

```
if ((phasestage==1) && flag1 && flag2)
{
    Serial.print("From Device :(") ;
    Serial.print((float)temp/10) ;
    Serial.print(" .C / ") ;
    Serial.print((float)humid/10) ;
    Serial.print(")\n") ;
    // Senddata to nas here
    flag1 = false ;
    flag2 = false ;
    SendtoNAS() ;
    delay(30000) ;
    return ;
}
```

我們使用上述程式，我們透過(phasestage==1) && flag1 && flag2，判斷已經回到 phasestage==1，flag1=true➔完成溫度讀取，flag2=true➔完成濕度讀取。

如表 13 溫溼度感測器傳送雲端程式所示，我們如下表所示：

```
    Serial.print("From Device :(") ;
    Serial.print((float)temp/10) ;
    Serial.print(" .C / ") ;
    Serial.print((float)humid/10) ;
    Serial.print(")\n") ;
    // Senddata to nas her
```

我們使用上述程式，我們列印出取得的溫溼度資料。

如表 13 溫溼度感測器傳送雲端程式所示，我們如下表所示：

```
    flag1 = false ;
    flag2 = false ;
```

我們使用上述程式，我們重置讀取溫濕度完成與否的控制變數 flag1 & flag2;

如表 13 溫溼度感測器傳送雲端程式所示，我們如下表所示：

```
    SendtoNAS() ;
```

我們使用上述程式，我們透過 S　　　 SendtoNAS() ;的函式，傳送資料到雲端
平台。

如表 13 溫溼度感測器傳送雲端程式所示，我們如下表所示：

```
    delay(30000) ;
```

我們使用上述程式，我們透過 delay(30000) ;的函式，休息 30 秒。

系統測試

我們完成表 13 溫溼度感測器傳送雲端程式後，編譯程式後上傳到開發版後，
我們看到如下圖所示，開發板可以正確完成讀取 SHT20 溫濕度感測模組，並將溫
溼度資料上傳到雲端平台了。

```
⊙ COM96                                                          - □ ×
                                                                 傳送
00:26:47.734 -> Data Len:7
00:26:47.734 -> CRC:26297
00:26:47.767 -> 1/4/2/1/8/B9/66/...
00:26:47.767 -> CRC Byte:66/B9
00:26:47.802 -> now send data to device
00:26:47.802 -> end sending
00:26:47.903 -> Controler Respones
00:26:47.903 -> 010402028A39F7
00:26:47.936 -> ---------
00:26:47.936 -> Data Len:7
00:26:47.936 -> CRC:63289
00:26:47.970 -> 1/4/2/2/8A/39/F7/...
00:26:47.970 -> CRC Byte:F7/39
00:26:48.004 -> From Device :(26.40 .C / 65.00)
00:26:48.037 -> ?MAC=246F289E48D4&T=26.40&H=65.00

☑自動捲動  ☑Show timestamp                    沒有行結尾  ∨  9600 baud  ∨  Clear output
```

圖 53 讀取溫溼度感測器等感測值送到雲端程式監控畫面

接下來，我們開啟瀏覽器，是用 phpMyadmin，查看是否資料正確進入資料庫。

圖 54 資料庫檢核是否傳送資料成功

章節小結

本章主要介紹使用 NodeMCU-32S Lua WiFi 物聯網開發板與 RS-485 轉 TTL 訊號轉換器，使用 RS-485 通訊，使用 modbus 通訊協定與 SHT20 溫濕度感測模組溝通後，讀取溫濕度後，將資料傳到到象雲端平台之開發與程式設計暨解說，相信透過本章節的解說，相信讀者會對使用 modbus 通訊協定與 SHT20 溫濕度感測模組之開發與程式設計，有更深入的了解與體認。

CHAPTER

地圖系統

由於本書是『整合地理資訊技術之物聯網系統開發(基礎入門篇)』，所以地理資訊平台就是一個很基本的需求，所以本文一開始，就是先行介紹介紹可以使用的地理資訊平台，筆者介紹的台灣圖霸，是台灣上市台灣電子地圖 Turn-Key Solution 領導品牌

台灣圖霸是由研鼎智能自主開發的一套本土電子地圖平台，提供完整的 API 供大家使用，舉凡大家常用到的地圖顯示，地圖拖拉，2D/3D 視角切換，景點查詢，地址查詢，座標轉地址及地址轉坐標等實用功能(曹永忠, 2020a)。

研鼎智能是國內導航系統 PAPAGO!的圖資供應商，具有全台灣最完整的圖資，資料豐富，更新速度快。台灣圖資的始祖：PAPAGO!從 2001 年開始，就專注於導航系統的研發，從早期的 PDA 時代，就開發出國內第一套 Windows CE 系統的導航軟體，並一路跟著手持裝置的演進歷程，經歷過 Windows Mobile，Embedded Linux 等系統，在當時都是手持裝置導航軟體的佼佼者。隨後更一路使用研鼎智能的圖資，拓展出完整的導航系列產品，包含手持式導航機，車載一體積，iPhone 和 Android 智慧手機內的導航 App 等等，是台灣銷售第一的導航品牌。

雖然國際上都使用 Google Maps，但是基於國安與資訊安全，筆者覺得能夠採用國內自主研發的研鼎圖資，充分使用本土的地圖平台引擎，讓整個台灣可以在國外的技術全面攻陷之外，在資安、本土化圖資服務器與地圖更新的即時性，筆者覺得採用台灣第一個電子地圖平台：『台灣圖霸』，這也是筆者今天我們要介紹這個平台的原因。

進入官網，取得圖資

如下圖所示，我們先使用 Chrome 瀏覽器，進入台灣圖霸網站，網址是：

https://www.map8.zone/，我們進入之後可以看到下圖畫面(曹永忠, 2020a)。

圖 55 台灣圖霸網站

如下圖所示，由於台灣圖霸網站主頁網站內容比較多，我們將整個主頁顯示於

下圖之上。

圖 56 台灣圖霸主頁

申請地圖 API Key

如下圖所示，我們先行向台灣圖霸官網申請地圖 API Key，請先點選下圖紅框所示之 API 申請。

圖 57 圖庫申請

如下圖所示，我們進入申請網頁，開始圖庫 API 申請，請參考下圖輸入申請資料，請讀者輸入自己的申請資料，切勿完全依樣輸入相同資料，這樣做會申請不到資料。

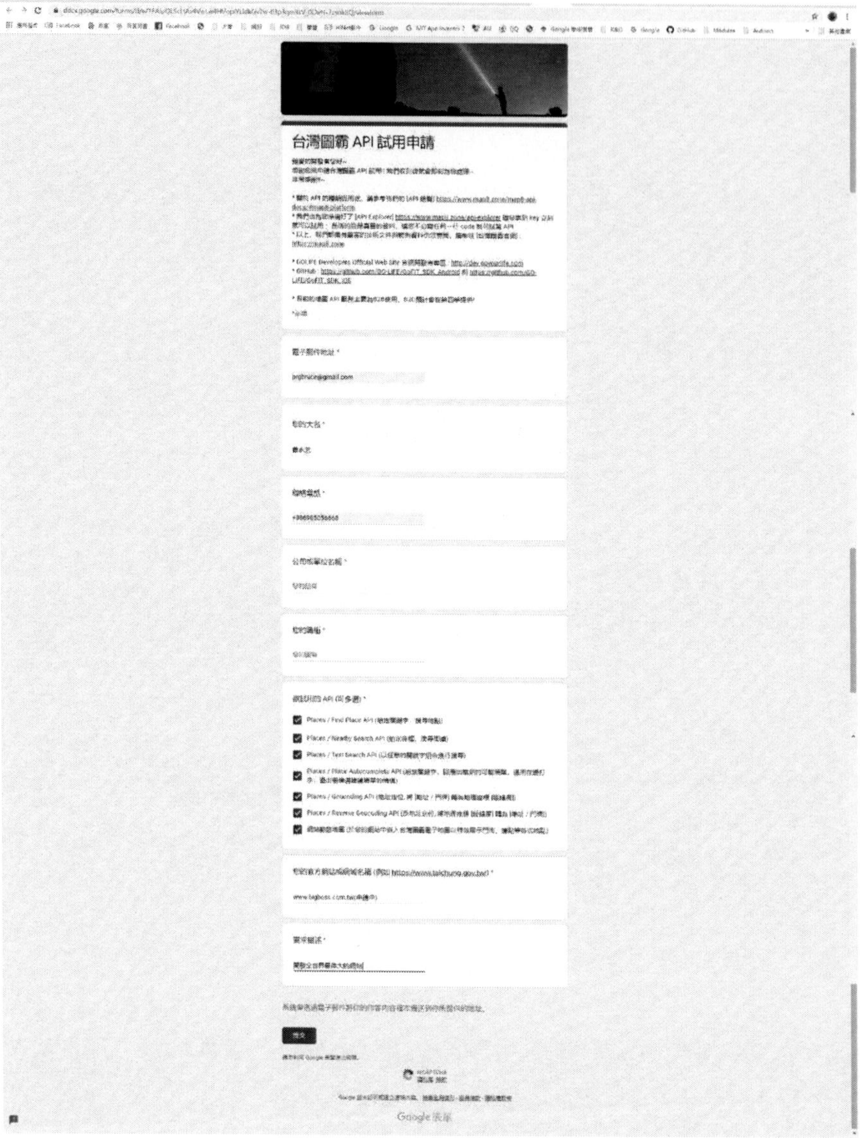

圖 58 開始申請圖庫

如下圖所示，讀者輸入送出圖庫申請資料完成後，點選送出後，完成申請。

圖 59 送出圖庫申請

經過一兩天的時間，台灣圖霸官網會審核一些資訊後，如下圖所示，請讀者參考當初所輸入的電子郵件信箱，進到所輸入的電子郵件信箱後，查看是否通過申請。

圖 60 圖庫申請之電子郵件

如下圖所示，若通過申請後，台灣圖霸官網會寄送一封信件，如下圖所示之信件標題，告知已通過申請。

圖 61 圖庫申請通過信件

　　我們收到通過申請的信件後，如下圖所示，打開信件，往下滑動閱讀，如您看到 API 的測試 Key 也為您準備好嘞的字樣，就表示您已拿到地圖 API Key。

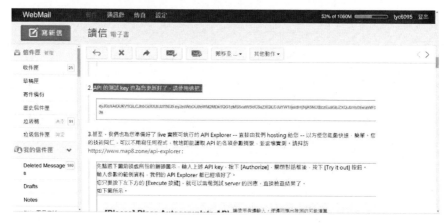

圖 62 取得圖庫 api_key

　　如 上 圖 所 示 ， 我 們 可 以 將 這 段 API Key

『eyJ0eXAiOiJKV1QiLCJhbGciOiJIUzI1NiJ9.eyJ……』先記下，後面文章我們會用到。

使用地圖

由於我們要使用台灣圖霸地圖，請讀遵照上兩節內容，可以先行進行試用，先行取得地圖 API Key，如果喜歡，可以到網址：https://www.map8.zone/，進行申請，或者可以用 Email 聯絡 service@goyourlife.com，與台灣圖霸聯絡，也可以用 886-2-8792-15672，電話聯絡台灣圖霸。

我們先建立 map8key.php，並至於根目錄之『\Connections』之下。先行告知讀者，下列的地圖 API Key 是筆者於 108 年學年度下學期上課使用的地圖 API Key，應該已經過期，請讀者依上面內容，先行申請地圖 API Key，並將內容：$map8key = '自行申請地圖 API Key'，自行修正之。

表 16 地圖 API Key 程式

地圖 API Key 程式(\Connection\map8key.php)
<?php $map8key = 'eyJ0eXAiOiJKV1QiLCJhbGciOiJIUzI1NiJ9.eyJzdWli- OiJ5Y3RzYW9AbmNudS5lZHUudHciLCJuYW1l- joieWN0c2FvQG5jbnUuZWR1Lm3IiwiaWF0IjoxNTgwOTU2MjkyLCJvYmplY 3RzljpbIlwvbWFwc1wvanMiLCJcL21hcHNcL3N0YXRpYylsIl- wvbWFwc1wvZW1iZWQiLCJcL3BsYWN- lXC9nZW9jb2RlIiwiXC9wbGFjZVwvZmluZHBsYWNlZ- nJvbXRleHQiLCJcL3BsYWNlXC9uZWFyYnlzZWFyY2giLCJcL3BsYWN- lXC90ZXh0c2Vhcm- NoIiwiXC9wbGFjZVwvYXV0b2NvbXBsZXRlIiwiXC9kYXRhIiwiXC9zdHI- sZXMiLCJcL3Nwcml0ZXMiLCJcL2ZvbnR- zliwiXC9kYXRhXC9zY2hvb2wtZGlzdHJpY3QiLCJcL3ByZW1pdW1cL2hvdXN

```
pbmciLCJcL3ByZW1pdW1cL2hvdXNpbmdcL3NjaG9vbGRpc3RyaWN0cyIsll-
wvbWFwOFwvZGV2liwiXC9yb3V0ZVwvZGlyZWN0aW9ucyIsll-
wvcm91dGVcL2Rpc3RhbmNlbWF0cml4liwiXC9yb3V0ZVwvdHJpcClsll-
wvcm9hZFwvbmVhcmVzdFJvY-
WRzliwiXC9yb2FkXC9zbmFwVG9Sb2FkcyJdLCJleHAi-
OjE1OTYyMDU4OTJ9.sTdpJg5J1kBu1H-
DW4MMCUy9eBFa2vBJ8pUGIDkV7es';
?>
```

程式碼：https://github.com/brucetsao/eMap8

接下來介紹 map.php，讀者可以到網址：

http://ncnu.arduino.org.tw:9999/map.php，查看其效果，由於這個部分牽扯不少，有關於中央氣象局資料，請參考筆者：Open Data 之物聯網系統開發(基礎入門篇):An Introduction to the System Development of Internet of Thing integrated with Open Data Communication 一書(曹永忠, 2020b, 2020c, 2020d)，目前先針對地圖圖資使用，進行解釋。

表 17 地圖顯示程式

地圖顯示程式(\map.php)

<?php
include("./Connections/map8key.php");
?>
 	
<?php
 	
    include("./Connections/iotcnn.php");   //使用資料庫的呼叫程式
 	
    $link=Connection();   //產生 mySQL 連線物件
 	
?>
<!DOCTYPE html>
<html>
  <head>
    <style>

```
    /* Set the size of the div element that contains the map */

html, body {
    margin: 0;
    padding: 0;
    height: 100%;
    width: 100%;
}
#map {
    height: 800px;   /* The height is 400 pixels */
    width: 100%;   /* The width is the width of the web page */
 }
#map a.gomp-ctrl-logo {
    background-size: cover;
    height: 12px;
    width: 48px;
}
#legend {
    font-family: Arial, sans-serif;
    background: #fff;
    padding: 10px;
    margin: 10px;
    border: 3px solid #000;
}
#legend h3 {
    margin-top: 0;
}
#legend img {
    vertical-align: middle;
}
</style>

    <title>Taiwan Weather from Central Weather Bureau based on Open
Weather Data Website </title>

    <link rel="stylesheet"
href="https://api.map8.zone/css/gomp.css?key=<?php echo $map8key; ?>"
/>
```

```
  </head>
    <?php
    include './title.php';
    ?>


    <div align="center">
    <label><input type="radio" name="cwb" value="rain" checked checked>
雨量</label>
    <label><input type="radio" name="cwb" value="temp">溫度</label>
    <label><input type="radio" name="cwb" value="humid">濕度</label>
    <label><input type="radio" name="cwb" value="bar">氣壓</label>
    </div>
    <div id="map" class="gomp-map"> </div>

<?php   include("./iotmap.php");?>

<?php
include './footer.php';
?>
</body>
</html>
<?php


mysql_free_result($Recordset1);

?>
```

程式碼：https://github.com/brucetsao/eMap8

使用圖資 API key 解說

如表 17 地圖顯示程式所示，我們如下表所示：

```php
<?php
include("./Connections/map8key.php");
?>
```

我們必須將使用圖資 API KEY 程式：map8key.php，包含進雲端平台程式之中。

如表 17 地圖顯示程式所示，我們如下表所示：

```php
<?php
    include("./Connections/iotcnn.php");        //使用資料庫的呼叫程式
        $link=Connection();           //產生 mySQL 連線物件
?>
```

我們必須將使用資料庫程式：iotcnn.php，包含進雲端平台程式之中。

我們使用 Connection();   //產生 mySQL 連線物件，建立連線物件，並交連線物件指名給$link 變數。

如表 17 地圖顯示程式所示，我們如下表所示：

```html
<head>
 <style>
    /* Set the size of the div element that contains the map */

    html, body {
      margin: 0;
      padding: 0;
      height: 100%;
      width: 100%;
    }
    #map {
      height: 800px;   /* The height is 400 pixels */
      width: 100%;   /* The width is the width of the web page */
     }
    #map a.gomp-ctrl-logo {
        background-size: cover;
```

```
        height: 12px;
        width: 48px;
    }
    #legend {
        font-family: Arial, sans-serif;
        background: #fff;
        padding: 10px;
        margin: 10px;
        border: 3px solid #000;
    }
    #legend h3 {
        margin-top: 0;
    }
    #legend img {
        vertical-align: middle;
    }
  </style>

    <title>Taiwan Weather from Central Weather Bureau based on Open
Weather Data Website </title>

    <link rel="stylesheet"
href="https://api.map8.zone/css/gomp.css?key=<?php echo $map8key; ?>"
/>

  </head>
```

　　這個包在<head>…..</head>之間的程式，主要使用地圖所需要的基本 CSS 資料，主要『#map』開頭的資料是顯示如下圖所示之地圖所使用的資料

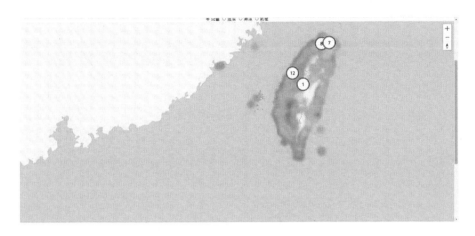

圖 63 Map8 地圖圖資主體

這個包在<head>…..</head>之間的程式，主要使用地圖所需要的基本 CSS 資料，主要『#legend』開頭的資料是顯示如下圖所示之 Map8_地圖下方圖示

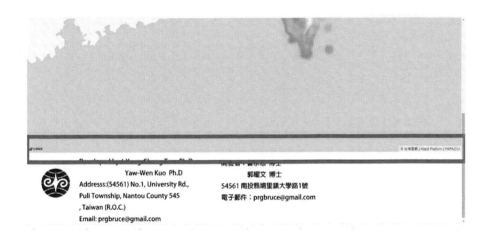

Yaw-Wen Kuo Ph.D
Addresss:(54561) No.1, University Rd.,
Puli Township, Nantou County 545
, Taiwan (R.O.C.)
Email: prgbruce@gmail.com

開發者：郭燿文 博士
郭燿文 博士
54561 南投縣埔里鎮大學路1號
電子郵件：prgbruce@gmail.com

圖 64 Map8 地圖圖資主體

如表 17 地圖顯示程式所示，我們如下表所示：

<title>Taiwan Weather from Central Weather Bureau based on Open Weather Data Website </title>

<title> …</title>之間就是設定網頁的抬頭資料，根一般 HTML 語法並無差異。

如表 17 地圖顯示程式所示，我們如下表所示：

```
  <link rel="stylesheet"
href="https://api.map8.zone/css/gomp.css?key=<?php echo $map8key; ?>"
/>
```

這部份是重點，因為需要顯示 Map8 地圖圖資，我們必須連結網址：
https://api.map8.zone/css/gomp.css，並在其後使用?key=<?php echo $map8key;，將申請
的地圖 API KEY 傳入，方能完整使用圖資系統。

如表 17 地圖顯示程式所示，我們如下表所示：

```
<?php
include './title.php';
?>
```

我們將根目錄的 title.php 含入，因為要下圖所示之顯示網頁上方抬頭。

圖 65 網頁上方抬頭

如表 17 地圖顯示程式所示，我們如下表所示：

```
<div align="center">
<label><input type="radio" name="cwb" value="rain" checked checked>
雨量</label>
<label><input type="radio" name="cwb" value="temp">溫度</label>
<label><input type="radio" name="cwb" value="humid">濕度</label>
<label><input type="radio" name="cwb" value="bar">氣壓</label>
</div>
```

我們使用 Connection();　　//產生 mySQL 連線物件，建立連線物件，並交連線物件指名給$link 變數。

圖 66 中央氣象局資料選擇項

如表 17 地圖顯示程式所示，我們如下表所示：

```
<div id="map" class="gomp-map"> </div>
```

定義一個 div 物件叫做"map"，並且必須要定義 class 為"gomp-map"，就是 class="gomp-map" 的命令必須含入，方能產生如下圖所示之整個圖資。

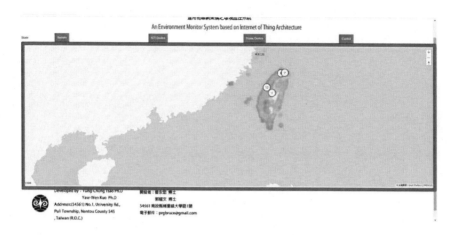

圖 67 地圖本體

如表 17 地圖顯示程式所示，我們如下表所示：

```php
<?php   include("./iotmap.php");?>
```

我們使用『iotmap.php』，來產生地圖真實資料與地圖資料，本程式會於下章介紹。

如表 17 地圖顯示程式所示，我們如下表所示：

```php
<?php
include './footer.php';
?>
```

我們將根目錄的 title.php 含入，因為要下圖所示之顯示網頁上方抬頭。

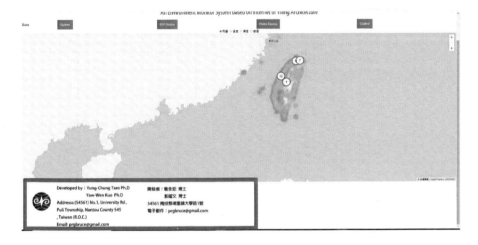

圖 68 網頁下方內容

地圖真實資料與地圖渲染程式介紹

接下來我們介紹**地圖真實資料與地圖渲染程式**『iotmap.php』，這個部分的資料主體，筆者會於『Open Data 之物聯網系統開發(基礎入門篇)：An Introduction to the System Development of Internet of Thing integrated with Open Data Communication』一書中，詳加解釋(曹永忠, 2020b, 2020c, 2020d)，本文只有資料的截取與運用。

表 18 地圖真實資料與地圖渲染程式

地圖真實資料與地圖渲染程式(\iotmap.php)
```<script type="text/javascript" src="https://api.map8.zone/maps/js/gomp.js?key=<?php echo $map8key; ?>"></script> <script type="text/javascript"> gomp.accessToken = "<?php echo $map8key; ?>";```

```javascript
var map = new gomp.Map({
    container: 'map', // 地圖容器 ID
    style: 'https://api.map8.zone/styles/go-life-maps-tw-style-
std/style.json', // 地圖樣式檔案位置
    maxBounds: [[105, 15], [138.45858, 33.4]], // 台灣地圖區域
    center: [120.854326,23.791066], // 初始中心座標，格式為
[lng, lat]
    zoom: 7, // 初始 ZOOM LEVEL; [0-20, 0 為最小 (遠), 20 ;最大
(近)]
    minZoom: 6, // 限制地圖可縮放之最小等級, 可省略, [0-19.99]
    maxZoom: 19.99, // 限制地圖可縮放之最大等級, 可省略 [0-
19.99]
    speedLoad: false,
    attributionControl: false
}).addControl(new gomp.AttributionControl({
    compact: false
}));
//  end of var map = new gomp.Map({
map.addControl(new gomp.NavigationControl());

// 引入資料 (可用 PHP 生成)
// 其中仍有幾筆是重複座標, 這樣仍會造成重疊問題, 以致於點擊
圓圈後出現的數值不一致
    var data = <?php include('./genmapall.php'); ?>   ;
var cwbdata = <?php include('./gencwball.php'); ?>    ;
var popup = new gomp.Popup({
    anchor: 'bottom',
    closeButton: true,
    closeOnClick: false,
    offset: [0, -20]
});
//   end of var popup = new gomp.Popup
 map.on('load', function(){
    //------------ map.addSource('cwbvalue',-----------------

    map.addSource('cwbvalue', {
        'type': 'geojson',
```

```
        'data': cwbdata // 此範例所使用的檔案請見
https://www.map8.zone/js/vector/heatmap.json
        });
        //------------map.addSource('envdata',------------------

        map.addSource('envdata', {
            type: 'geojson',
            data: data
        });


    //-----------------------------------
    //----------map.addLayer---------------------
    map.addLayer(
        {
            'id': 'bar',
            'type': 'circle',
            'source': 'cwbvalue',
            'paint': {
                // 依據地圖 zoom 值動態改變 circle-blur (模
糊程度) 之值
                'circle-blur': [
                    'interpolate',
                    ['linear'],
                    ['zoom'],
                    6, 2, // zoom 為 6 時，circle-blur 為 2
                    20, 1 // zoom 為 20 時，circle-blur 為
1
                ],
                // 依據各點 property 內容改變 circle-color
(各點顏色) 之值；此處以溫度為例
                'circle-color': [
                    'interpolate',
                    ['linear'],
                    ['get', 'bar'],
                    // 由溫度 (temperature) 為 0 開始，設
定每個區段的顏色
                    1000, 'rgb(0, 234, 255)',
                    1010, 'rgb(10, 255, 0)',
```

```
                              1020, 'rgb(160, 255, 0)',
                              1030, 'rgb(255, 190, 0)',
                              1040, 'rgb(255, 120, 0)',
                              1050, 'rgb(255, 81, 0)'
                          ],
                          // 依據地圖 zoom 值改變 circle-radius (圓
點尺寸) 之值

                          'circle-radius': [
                              'interpolate',
                              ['linear'],
                              ['zoom'],
                              6, 20, // zoom 為 6 時，circle-radius
為 20

                              7, 25, // zoom 為 7 時，circle-radius
為 25

                              18, 250 // zoom 大於等於 19 時，
circle-radius 固定為 250

                          ]
                      }
                  });



          //-------- map.addLayer(---------------

          map.addLayer(
              {
                  'id': 'humid',
                  'type': 'circle',
                  'source': 'cwbvalue',
                  'paint': {
                      // 依據地圖 zoom 值動態改變 circle-blur (模
糊程度) 之值

                      'circle-blur': [
                          'interpolate',
                          ['linear'],
                          ['zoom'],
```

- 130 -

```
                                         6, 2, // zoom 為 6 時，circle-blur 為 2
                                         20, 1 // zoom 為 20 時，circle-blur 為
1
                                     ],
                                     // 依據各點 property 內容改變 circle-color
(各點顏色) 之值；此處以溫度為例
                                     'circle-color': [
                                         'interpolate',
                                         ['linear'],
                                         ['get', 'humid'],
                                         // 由溫度 (temperature) 為 0 開始，設
定每個區段的顏色
                                         40, 'rgb(0, 234, 255)',
                                         50, 'rgb(10, 255, 0)',
                                         60, 'rgb(160, 255, 0)',
                                         70, 'rgb(255, 190, 0)',
                                         80, 'rgb(255, 120, 0)',
                                         90, 'rgb(255, 81, 0)'
                                     ],
                                     // 依據地圖 zoom 值改變 circle-radius (圓
點尺寸) 之值
                                     'circle-radius': [
                                         'interpolate',
                                         ['linear'],
                                         ['zoom'],
                                         6, 20, // zoom 為 6 時，circle-radius
為 20

                                         7, 25, // zoom 為 7 時，circle-radius
為 25

                                         18, 250 // zoom 大於等於 19 時，
circle-radius 固定為 250
                                     ]
                                 }
                             });
                 //-------------- map.addLayer(----------------------
                 map.addLayer(
                     {
                         'id': 'temp',
```

```
                        'type': 'circle',
                        'source': 'cwbvalue',
                        'paint': {
                            // 依據地圖 zoom 值動態改變 circle-blur (模
糊程度) 之值
                            'circle-blur': [
                                'interpolate',
                                ['linear'],
                                ['zoom'],
                                6, 2, // zoom 為 6 時，circle-blur 為 2
                                20, 1 // zoom 為 20 時，circle-blur 為
1
                            ],
                            // 依據各點 property 內容改變 circle-color
(各點顏色) 之值；此處以溫度為例
                            'circle-color': [
                                'interpolate',
                                ['linear'],
                                ['get', 'temp'],
                                // 由溫度 (temperature) 為 0 開始，設
定每個區段的顏色

                                -1, 'rgb(16, 115, 136)',
                                1, 'rgb(31, 126, 148)',
                                5, 'rgb(93, 168, 189)',
                                11, 'rgb(180, 233, 247)',
                                15, 'rgb(63, 169, 94)',
                                21, 'rgb(164, 218, 132)',
                                25, 'rgb(244, 243, 197)',
                                27, 'rgb(243, 213, 117)',
                                29, 'rgb(239, 117, 76)',
                                31, 'rgb(223, 124, 7)',
                                33, 'rgb(241, 21, 93)',
                                35, 'rgb(118, 2, 2)',
                                37, 'rgb(155, 104, 173)',
                                38, 'rgb(113, 79, 154)',
                                39, 'rgb(125, 41, 155)'
                            ],
```

```
                    // 依據地圖 zoom 值改變 circle-radius (圓
點尺寸) 之值
                    'circle-radius': [
                        'interpolate',
                        ['linear'],
                        ['zoom'],
                        6, 20, // zoom 為 6 時，circle-radius
為 20
                        7, 25, // zoom 為 7 時，circle-radius
為 25
                        18, 250 // zoom 大於等於 19 時，
circle-radius 固定為 250
                    ]
                }
            }
        );
        //----------map.addLayer({-------------
        map.addLayer({
            'id': 'rain',
            'type': 'circle',
            'source': 'cwbvalue',
            'paint': {
                // 依據地圖 zoom 值動態改變 circle-blur (模糊程
度) 之值
                'circle-blur': [
                    'interpolate',
                    ['linear'],
                    ['zoom'],
                    6, 2, // zoom 為 6 時，circle-blur 為 2
                    20, 1 // zoom 為 20 時，circle-blur 為 1
                ],
                // 依據各點 property 內容改變 circle-color (各點
顏色) 之值；此處以溫度為例
                'circle-color': [
                    'interpolate',
                    ['linear'],
                    ['get', 'rain'],
```

```
                              // 由溫度 (temperature) 為 0 開始，設定每
個區段的顏色

                    0, 'rgb(202, 202, 202)',
                    1, 'rgb(158, 253,255 )',
                    6, 'rgb(1, 210, 202)',
                    10, 'rgb(0, 165, 254)',
                    20, 'rgb(38, 163, 27)',
                    40, 'rgb(254, 253, 21)',
                    70, 'rgb(255, 167, 31)',
                    110, 'rgb(218, 35, 4)',
                    150, 'rgb(172, 32, 163)',
                    200, 'rgb(220, 45, 210)',
                    300, 'rgb(255, 56, 251)'
                ],
                // 依據地圖 zoom 值改變 circle-radius (圓點尺
寸) 之值

                'circle-radius': [
                    'interpolate',
                    ['linear'],
                    ['zoom'],
                    6, 20, // zoom 為 6 時，circle-radius 為 20
                    7, 25, // zoom 為 7 時，circle-radius 為 25
                    18, 250 // zoom 大於等於 19 時，circle-
radius 固定為 250
                ]
            }
        })

//-------------------------------
        //-----------------
    //----------map.addLayer(------------
            map.addLayer(
                {
                    "id": "circles",
                    "type": "circle",
                    "source": 'envdata',
                    "paint":
                    {
```

```
                    "circle-radius": 20,
                    "circle-color": "#fff",
                    "circle-stroke-width": 3,
                    "circle-stroke-color": [
                        'match',
                        ['get', 'species'],
                        'Environement', '#ff0000', // 第一類資料
                        'PM1', '#00ff00', // 第二類資料
                        '#0000ff' // 其他類型
                    ]
                }
            });


        //-----------------following is particle data
        map.addLayer({
            "id": "numbers",
            "type": "symbol",
            "source": 'envdata',
            "layout":
            {
                "text-field": "{amount}",
                "text-size": 16,
                "text-font": ["Noto Sans Regular"] // 此行不可變動
            }
        });


        //----------------- map.on('click', 'circles', function (e)
        map.on('click', 'circles', function (e) {
        // 設定滑鼠游標樣式
        map.getCanvas().style.cursor = 'pointer';

        var coordinates = e.features[0].geometry.coordi-
nates.slice();

        var description = e.features[0].properties.title;

        // 確保訊息視窗不會被遮擋
        while (Math.abs(e.lngLat.lng - coordinates[0]) > 180)
         {
```

```
                        coordinates[0] += e.lngLat.lng > coordinates[0] ?
360 : -360;
                }
                // --------- end of   while (Math.abs(e.lngLat.lng - co-
ordinates[0]) > 180)
            // 設定訊息視窗內容並在地圖上顯示
            popup.setLngLat(coordinates)
                .setHTML(description)
                .addTo(map);
        });     //   end of   map.on('click', 'circles', function (e) {


        });
   // -----------end of map.on('load', function(){




        map.once('idle', function ()
        {
            map.moveLayer('circles');
            map.moveLayer('numbers');
            // 新增 Filter，先設定只顯示「circles」
            map.setFilter('circles', ['==', 'species', 'Environement']);
            map.setFilter('numbers', ['==', 'species', 'Environement']);
            // 切換選項按鈕
            document.getElementsByName('switch').forEach((input)
=> {
                input.addEventListener("change", function (event)
                {
                    let val = event.target.value;
                    map.setFilter('circles', ['==', 'species', val]);
                    map.setFilter('numbers', ['==', 'species', val]);
                    // 加上底下這一行
                    popup.remove();
                })     //   end of   input.addEventLis-
tener("change", function (event)
            });     //   end of   map.once('idle', function ()
//----------------following is layer on rain.....
            var toggleableLayerIds = ['rain', 'temp', 'humid'];
```

```
                    var cwbRadioInputs = document.getElementsBy-
Name('cwb')
            for (var i = 0; i < cwbRadioInputs.length; ++i)
            {
                cwbRadioInputs[i].addEventListener('change', func-
tion(event)
                {
                    var inputValue = event.target.value
                    for(var j = 0; j < toggleableLayerIds.length; ++j)
                    {
                        if (toggleableLayerIds[j] == inputValue)
                        {
                            map.setLayoutProperty(toggleableLay-
erIds[j], 'visibility', 'visible')
                        }
                        else
                        {
                            map.setLayoutProperty(toggleableLay-
erIds[j], 'visibility', 'none')
                        }              //    end of   if (toggleableLay-
erIds[j] == inputValue)
                    }        //    end   of   for(var j = 0; j < tog-
gleableLayerIds.length; ++j)
                })        //    end of cwbRadioInputs[i].addEventLis-
tener('change', function(event)
            }        //    end of   for (var i = 0; i < cwbRadioIn-
puts.length; ++i)

            });        //   end of            var map = new gomp.Map({
        </script>
```

程式碼：https://github.com/brucetsao/eMap8

如表 18 地圖真實資料與地圖渲染程式所示，我們如下表所示：

```
    <script type="text/javascript"
src="https://api.map8.zone/maps/js/gomp.js?key=<?php echo
$map8key; ?>"></script>
```

這部份是重點，因為需要顯示 Map8 地圖圖資，我們將官網的 javascript 包含近來，所以必須連結網址：https://api.map8.zone/maps/js/gomp.js，並在其後使用?key=<?php echo $map8key;，將申請的地圖 API KEY 傳入，方能完整使用顯示 Map8 地圖圖資的功能。

如表 18 地圖真實資料與地圖渲染程式所示，我們如下表所示：

```
gomp.accessToken = "<?php echo $map8key; ?>";
```

這部份是重點，因為需要顯示 Map8 地圖圖資，我們告知官網的 javascript，我們的可用地圖 API KEY 為何。

如表 18 地圖真實資料與地圖渲染程式所示，我們如下表所示：

```
var map = new gomp.Map({
        container: 'map', // 地圖容器 ID
        style: 'https://api.map8.zone/styles/go-life-maps-tw-style-
std/style.json', // 地圖樣式檔案位置
        maxBounds: [[105, 15], [138.45858, 33.4]], // 台灣地圖區域
        center: [120.854326,23.791066], // 初始中心座標，格式為 [lng,
lat]
        zoom: 7, // 初始 ZOOM LEVEL; [0-20, 0 為最小 (遠), 20 ;最大
(近)]
        minZoom: 6, // 限制地圖可縮放之最小等級, 可省略, [0-19.99]
        maxZoom: 19.99, // 限制地圖可縮放之最大等級, 可省略 [0-
19.99]
        speedLoad: false,
        attributionControl: false
    }).addControl(new gomp.AttributionControl({
        compact: false
    }));
    //  end of var map = new gomp.Map({
    map.addControl(new gomp.NavigationControl());
```

我們使用 map = new gomp.Map()來產生地圖物件。

如表 18 地圖真實資料與地圖渲染程式所示，我們如下表所示：

```
container: 'map', // 地圖容器 ID
```

我們 container 的屬性，告訴地圖系統，我們將顯示地圖的所有繪圖區，產生在<div> …</div>的中，id="map" 的顯示區內。

如表 18 地圖真實資料與地圖渲染程式所示，我們如下表所示：

```
style: 'https://api.map8.zone/styles/go-life-maps-tw-style-std/style.json', // 地圖樣式檔案位置
```

我們 style 的屬性，告訴地圖系統，我們將使用" https://api.map8.zone/go-life-maps-tw-style-std/style.json" 的內容當為地圖的繪圖區繪圖的格式，如果讀者可以自行設定地圖的繪圖區繪圖的格式，也可以導到自行網址的對應檔案。

如表 18 地圖真實資料與地圖渲染程式所示，我們如下表所示：

```
maxBounds: [[105, 15], [138.45858, 33.4]], // 台灣地圖區域
```

我們 style 的屬性，是指地圖顯示範圍，由於筆者購買圖資為台灣區域，所以設定這個內容。

如表 18 地圖真實資料與地圖渲染程式所示，我們如下表所示：

```
center: [120.854326,23.791066], // 初始中心座標，格式為 [lng, lat]
```

我們 center 的屬性，是指地圖顯示中心點位置，上面的內容為台灣中心點南投

附近。

如表 18 地圖真實資料與地圖渲染程式所示，我們如下表所示：

```
zoom: 7, // 初始 ZOOM LEVEL; [0-20, 0 為最小 (遠), 20 ;最大 (近)]
```

我們 zoom 的屬性，是指地圖顯示比率大小，內容為 0-20，0 為最小 (遠), 20；
最大 (近)。

如表 18 地圖真實資料與地圖渲染程式所示，我們如下表所示：

```
minZoom: 6, // 限制地圖可縮放之最小等級, 可省略, [0-19.99]
```

我們 minZoom 的屬性，是指地圖縮放最小顯示比率，內容為 0-19.99，0 為最
小 (遠), 19.99 ;最大 (近)。

如表 18 地圖真實資料與地圖渲染程式所示，我們如下表所示：

```
maxZoom: 19.99, // 限制地圖可縮放之最大等級, 可省略 [0-19.99]
```

我們 minZoom 的屬性，是指地圖縮放最大顯示比率，內容為 0-19.99，0 為最
小 (遠), 19.99 ;最大 (近)。

如表 18 地圖真實資料與地圖渲染程式所示，我們如下表所示：

```
        speedLoad: false,
        attributionControl: false
    }).addControl(new gomp.AttributionControl({
        compact: false
    }));
```

上面屬性請用預設值，畫面運作會比較順暢。

如表 18 地圖真實資料與地圖渲染程式所示，我們如下表所示：

```
map.addControl(new gomp.NavigationControl());
```

map.addControl 的屬性，是產生地圖元件，並加到地圖顯示的 container 中。

如表 18 地圖真實資料與地圖渲染程式所示，我們如下表所示：

```
var data = <?php include('./genmapall.php'); ?>    ;
```

我們宣告並產生顯示於地圖上方的資料 data，並使用 genmapall.php 來產生資料，其效果如下圖紅框所示。

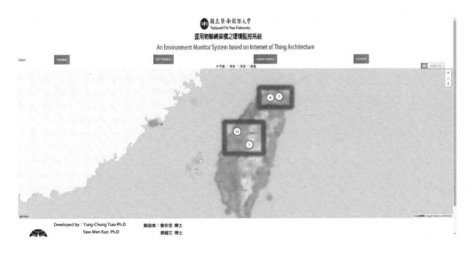

圖 69 顯示地圖基本資料

如表 18 地圖真實資料與地圖渲染程式所示，我們如下表所示：

```
var cwbdata = <?php include('./gencwball.php'); ?>        ;
```

由於我們以中央氣象局圖資為資料，所以我們宣告並產生 cwbdata，顯示於地圖背景資料，並使用 gencwball.php 來產生資料。其效果如下圖所示。

圖 70 顯示氣象資料

　　如表 18 地圖真實資料與地圖渲染程式所示，我們如下表所示：

```
var popup = new gomp.Popup({
    anchor: 'bottom',
    closeButton: true,
    closeOnClick: false,
    offset: [0, -20]
});
```

popup = new gomp.Popup()，是建立地圖顯示項。

　　如表 18 地圖真實資料與地圖渲染程式所示，我們如下表所示：

```
map.on('load', function(){
    //------------ map.addSource('cwbvalue',------------------
    map.addSource('cwbvalue', {
        'type': 'geojson',
```

```
                'data': cwbdata // 此範例所使用的檔案請見
https://www.map8.zone/js/vector/heatmap.json
                });
```

我們設定在地圖載入時，把 gencwball.php 產生的資料，為 json 格式的資料，再載入並加入資料來源。

如表 18 地圖真實資料與地圖渲染程式所示，我們如下表所示：

```
map.addSource('envdata', {
                type: 'geojson',
                data: data
                });
```

我們設定在地圖載入時，把 genmapall.php 產生的資料，為 json 格式的資料，再載入並加入資料來源。

如表 18 地圖真實資料與地圖渲染程式所示，我們如下表所示：


```
            //-----------map.addLayer---------------------
            map.addLayer(
                {
                    'id': 'bar',
                    'type': 'circle',
                    'source': 'cwbvalue',
                    'paint': {
                        // 依據地圖 zoom 值動態改變 circle-blur (模
糊程度) 之值
                        'circle-blur': [
                            'interpolate',
                            ['linear'],
                            ['zoom'],
                            6, 2, // zoom 為 6 時，circle-blur 為 2
```

```
                                    20, 1 // zoom 為 20 時，circle-blur 為 1
                                 ],
                                 // 依據各點 property 內容改變 circle-color
(各點顏色) 之值；此處以溫度為例
                                 'circle-color': [
                                    'interpolate',
                                    ['linear'],
                                    ['get', 'bar'],
                                    // 由溫度 (temperature) 為 0 開始，設
定每個區段的顏色
                                    1000, 'rgb(0, 234, 255)',
                                    1010, 'rgb(10, 255, 0)',
                                    1020, 'rgb(160, 255, 0)',
                                    1030, 'rgb(255, 190, 0)',
                                    1040, 'rgb(255, 120, 0)',
                                    1050, 'rgb(255, 81, 0)'
                                 ],
                                 // 依據地圖 zoom 值改變 circle-radius (圓點
尺寸) 之值
                                 'circle-radius': [
                                    'interpolate',
                                    ['linear'],
                                    ['zoom'],
                                    6, 20, // zoom 為 6 時，circle-radius 為
20
                                    7, 25, // zoom 為 7 時，circle-radius 為
25
                                    18, 250 // zoom 大於等於 19 時，circle-
radius 固定為 250
                                 ]
                              }
                     });
```

加入氣象資料，顯示氣壓 Bar 的資料。

如表 18 地圖真實資料與地圖渲染程式所示，我們如下表所示：

```
map.addLayer(
    {
        'id': 'humid',
        'type': 'circle',
        'source': 'cwbvalue',
        'paint': {
            // 依據地圖 zoom 值動態改變 circle-blur (模
糊程度) 之值
            'circle-blur': [
                'interpolate',
                ['linear'],
                ['zoom'],
                6, 2, // zoom 為 6 時，circle-blur 為 2
                20, 1 // zoom 為 20 時，circle-blur 為 1
            ],
            // 依據各點 property 內容改變 circle-color
(各點顏色) 之值；此處以溫度為例
            'circle-color': [
                'interpolate',
                ['linear'],
                ['get', 'humid'],
                // 由溫度 (temperature) 為 0 開始，設
定每個區段的顏色
                40, 'rgb(0, 234, 255)',
                50, 'rgb(10, 255, 0)',
                60, 'rgb(160, 255, 0)',
                70, 'rgb(255, 190, 0)',
                80, 'rgb(255, 120, 0)',
                90, 'rgb(255, 81, 0)'
            ],
            // 依據地圖 zoom 值改變 circle-radius (圓點
尺寸) 之值
            'circle-radius': [
                'interpolate',
                ['linear'],
                ['zoom'],
```

```
                              6, 20, // zoom 為 6 時，circle-radius 為
20
                              7, 25, // zoom 為 7 時，circle-radius 為
25
                              18, 250 // zoom 大於等於 19 時，circle-
radius 固定為 250
                        ]
                    }
                });
```

加入氣象濕度資料，顯示濕度 humid 的資料。

如表 18 地圖真實資料與地圖渲染程式所示，我們如下表所示：

```
map.addLayer(
                {
                        'id': 'temp',
                        'type': 'circle',
                        'source': 'cwbvalue',
                        'paint': {
                                // 依據地圖 zoom 值動態改變 circle-blur (模
糊程度) 之值
                                'circle-blur': [
                                        'interpolate',
                                        ['linear'],
                                        ['zoom'],
                                        6, 2, // zoom 為 6 時，circle-blur 為 2
                                        20, 1 // zoom 為 20 時，circle-blur 為 1
                                ],
                                // 依據各點 property 內容改變 circle-color
(各點顏色) 之值；此處以溫度為例
                                'circle-color': [
                                        'interpolate',
                                        ['linear'],
                                        ['get', 'temp'],
                                        // 由溫度 (temperature) 為 0 開始，設
定每個區段的顏色
```

```
                    -1, 'rgb(16, 115, 136)',
                    1, 'rgb(31, 126, 148)',
                    5, 'rgb(93, 168, 189)',
                    11, 'rgb(180, 233, 247)',
                    15, 'rgb(63, 169, 94)',
                    21, 'rgb(164, 218, 132)',
                    25, 'rgb(244, 243, 197)',
                    27, 'rgb(243, 213, 117)',
                    29, 'rgb(239, 117, 76)',
                    31, 'rgb(223, 124, 7)',
                    33, 'rgb(241, 21, 93)',
                    35, 'rgb(118, 2, 2)',
                    37, 'rgb(155, 104, 173)',
                    38, 'rgb(113, 79, 154)',
                    39, 'rgb(125, 41, 155)'
                ],
                // 依據地圖 zoom 值改變 circle-radius (圓點
尺寸) 之值

                'circle-radius': [
                    'interpolate',
                    ['linear'],
                    ['zoom'],
                    6, 20, // zoom 為 6 時，circle-radius 為
20
                    7, 25, // zoom 為 7 時，circle-radius 為
25
                    18, 250 // zoom 大於等於 19 時，circle-
radius 固定為 250
                ]
            }
        }
    );
```

加入氣象氣溫資料，顯示氣溫 temp 的資料。

如表 18 地圖真實資料與地圖渲染程式所示，我們如下表所示：

```
map.addLayer({
```

```
'id': 'rain',
'type': 'circle',
'source': 'cwbvalue',
'paint': {
        // 依據地圖 zoom 值動態改變 circle-blur (模糊程
度) 之值
        'circle-blur': [
            'interpolate',
            ['linear'],
            ['zoom'],
            6, 2, // zoom 為 6 時，circle-blur 為 2
            20, 1 // zoom 為 20 時，circle-blur 為 1
        ],
        // 依據各點 property 內容改變 circle-color (各點
顏色) 之值；此處以溫度為例
        'circle-color': [
            'interpolate',
            ['linear'],
            ['get', 'rain'],
            // 由溫度 (temperature) 為 0 開始，設定每
個區段的顏色

            0, 'rgb(202, 202, 202)',
            1, 'rgb(158, 253,255 )',
            6, 'rgb(1, 210, 202)',
            10, 'rgb(0, 165, 254)',
            20, 'rgb(38, 163, 27)',
            40, 'rgb(254, 253, 21)',
            70, 'rgb(255, 167, 31)',
            110, 'rgb(218, 35, 4)',
            150, 'rgb(172, 32, 163)',
            200, 'rgb(220, 45, 210)',
            300, 'rgb(255, 56, 251)'
        ],
        // 依據地圖 zoom 值改變 circle-radius (圓點尺寸)
之值
        'circle-radius': [
            'interpolate',
            ['linear'],
```

```
                    ['zoom'],
                    6, 20, // zoom 為 6 時，circle-radius 為 20
                    7, 25, // zoom 為 7 時，circle-radius 為 25
                    18, 250 // zoom 大於等於 19 時，circle-
radius 固定為 250
                ]
            }
        })
```

加入氣象雨量資料，顯示雨量 rain 的資料。

如表 18 地圖真實資料與地圖渲染程式所示，我們如下表所示：

```
        map.addLayer(
            {
                "id": "circles",
                "type": "circle",
                "source": 'envdata',
                "paint":
                {
                    "circle-radius": 20,
                    "circle-color": "#fff",
                    "circle-stroke-width": 3,
                    "circle-stroke-color": [
                        'match',
                        ['get', 'species'],
                        'Environement', '#ff0000', // 第一類資料
                        'PM1', '#00ff00', // 第二類資料
                        '#0000ff' // 其他類型
                    ]
                }
            });
```

此程式顯示地圖上資料區，就是地圖上可以畫出紅色圓圈資料。

如表 18 地圖真實資料與地圖渲染程式所示，我們如下表所示：

```
        map.once('idle', function ()
        {
            map.moveLayer('circles');
            map.moveLayer('numbers');
            // 新增 Filter，先設定只顯示「circles」
            map.setFilter('circles', ['==', 'species', 'Environement']);
            map.setFilter('numbers', ['==', 'species', 'Environement']);
            // 切換選項按鈕
            document.getElementsByName('switch').forEach((input) =>
{
                input.addEventListener("change", function (event)
                {
                    let val = event.target.value;
                    map.setFilter('circles', ['==', 'species', val]);
                    map.setFilter('numbers', ['==', 'species', val]);
                    // 加上底下這一行
                    popup.remove();
                })       //    end of  input.addEventLis-
tener("change", function (event)
            });        //    end of   map.once('idle', function ()
//-----------------following is layer on rain.....
            var toggleableLayerIds = ['rain', 'temp', 'humid'];
            var cwbRadioInputs = document.getElementsBy-
Name('cwb')
            for (var i = 0; i < cwbRadioInputs.length; ++i)
            {
                cwbRadioInputs[i].addEventListener('change', func-
tion(event)
                {
                    var inputValue = event.target.value
                    for(var j = 0; j < toggleableLayerIds.length; ++j)
                    {
                        if (toggleableLayerIds[j] == inputValue)
                        {
                            map.setLayoutProperty(toggleableLayer-
Ids[j], 'visibility', 'visible')
```

```
                        }
                        else
                        {
                                map.setLayoutProperty(toggleableLayer-
Ids[j], 'visibility', 'none')
                        }              //      end of    if (toggleableLayer-
Ids[j] == inputValue)
                }       //      end  of   for(var j = 0; j < toggleable-
LayerIds.length; ++j)
                })      //      end of cwbRadioInputs[i].addEventLis-
tener('change', function(event)
                }       //      end of   for (var i = 0; i < cwbRadioIn-
puts.length; ++i)

                });         //    end of              var map = new gomp.Map({
```

　　這個部分，就是下圖所示之每一個監控站，我們使用顯示出紅色圓圈與圓圈內的字所必須要做的事。

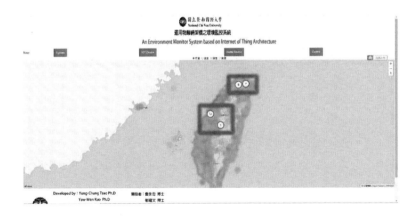

圖 71 顯示地圖基本資料

中央氣象局氣象資料介紹

對於這個部分牽扯不少，有關於中央氣象局資料，請參考筆者：Open Data 之
物聯網系統開發(基礎入門篇):An Introduction to the System Development of Internet
of Thing integrated with Open Data Communication 一書(曹永忠, 2020b, 2020c, 2020d)，
目前請先可以參考下表，建立 cwbsite 資料表。

表 19 cwbsite 資料表欄位規格書

欄位名稱	型態	欄位解釋
id	Int(11)	主鍵
dataorder	Char(14)	網卡編號(16 進位表示)
id	Int(11)	時間維度
sysdatetime	Timestamp	資料更新日期時間
sid	Char(20)	站台 ID
sname	Char(60)	站台名稱
sdatetime	datetime	資料時間
lat	double	緯度
lon	double	經度
hight	int(11)	海拔
wdir	int(11)	風向
wspeed	int(11)	風速
temp	double	溫度
humid	double	濕度
bar	double	氣壓
rain	double	雨量
cid	Char(14)	縣市 ID
cname	Char(40)	縣市名稱
tid	Char(14)	鄉鎮 ID
tname	Char(60)	鄉鎮名稱
PRIMARY id : id primary key unique		

讀者也可以參考下表，使用 SQL 敘述，建立 cwbsite 資料表。

```
-- phpMyAdmin SQL Dump
-- version 4.8.2
-- https://www.phpmyadmin.net/
--
-- 主機: localhost
-- 產生時間: 2021 年 05 月 28 日 12:27
-- 伺服器版本: 5.5.57-MariaDB
-- PHP 版本: 5.6.31

SET SQL_MODE = "NO_AUTO_VALUE_ON_ZERO";
SET AUTOCOMMIT = 0;
START TRANSACTION;
SET time_zone = "+00:00";


/*!40101 SET
@OLD_CHARACTER_SET_CLIENT=@@CHARACTER_SET_CLIENT */;
/*!40101 SET
@OLD_CHARACTER_SET_RESULTS=@@CHARACTER_SET_RESULTS
*/;
/*!40101 SET
@OLD_COLLATION_CONNECTION=@@COLLATION_CONNECTION */;
/*!40101 SET NAMES utf8mb4 */;


--
-- 資料庫: `ncnuiot`
--

-- --------------------------------------------------


--
-- 資料表結構 `cwbsite`
--

CREATE TABLE `cwbsite` (
```

```sql
  `id` int(11) NOT NULL DEFAULT '0' COMMENT '主鍵',
  `dataorder` varchar(14) NOT NULL COMMENT '時間維度',
  `sysdatetime` timestamp NOT NULL DEFAULT '0000-00-00 00:00:00'
COMMENT '資料更新時間',
  `sid` varchar(20) NOT NULL COMMENT '站台 ID',
  `sname` varchar(60) DEFAULT NULL COMMENT '站台名稱',
  `sdatetime` datetime NOT NULL COMMENT '資料時間',
  `lat` double NOT NULL COMMENT '緯度',
  `lon` double NOT NULL COMMENT '經度',
  `hight` int(11) NOT NULL COMMENT '海拔',
  `wdir` int(11) NOT NULL COMMENT '風向',
  `wspeed` int(11) NOT NULL COMMENT '風速',
  `temp` double NOT NULL COMMENT '溫度',
  `humid` double NOT NULL COMMENT '濕度',
  `bar` double NOT NULL COMMENT '氣壓',
  `rain` double NOT NULL COMMENT '雨量',
  `cid` varchar(14) NOT NULL COMMENT '縣市 ID',
  `cname` varchar(40) DEFAULT NULL COMMENT '縣市名稱',
  `tid` varchar(14) NOT NULL COMMENT '鄉鎮 ID',
  `tname` varchar(60) DEFAULT NULL COMMENT '鄉鎮名稱'
) ENGINE=MyISAM DEFAULT CHARSET=utf8;

--
-- 資料表的匯出資料 `cwbsite`
--

INSERT INTO `cwbsite` (`id`, `dataorder`, `sysdatetime`, `sid`, `sname`,
`sdatetime`, `lat`, `lon`, `hight`, `wdir`, `wspeed`, `temp`, `humid`, `bar`, `rain`,
`cid`, `cname`, `tid`, `tname`) VALUES
(42, '20210528121002', '2020-03-03 14:41:05', 'C0A520', '山佳', '2021-05-28
12:00:00', 24.976719, 121.393789, 48, 249, 4, 36.6, 4.7, 1001.4, 0, '06', '新北
市', '046', '樹林區'),
(130, '20210528121002', '2020-03-03 14:41:07', 'C0A530', '坪林', '2021-05-28
12:00:00', 24.939975, 121.701531, 300, -99, -99, -99, -990, -99, -99, '06', '新
北市', '053', '坪林區');

--
-- 已匯出資料表的索引
```

```
--

--
-- 資料表索引 `cwbsite`
--
ALTER TABLE `cwbsite`
  ADD PRIMARY KEY (`id`),
  ADD UNIQUE KEY `sid` (`sid`);
COMMIT;

/*!40101 SET
CHARACTER_SET_CLIENT=@OLD_CHARACTER_SET_CLIENT */;
/*!40101 SET
CHARACTER_SET_RESULTS=@OLD_CHARACTER_SET_RESULTS */;
/*!40101 SET
COLLATION_CONNECTION=@OLD_COLLATION_CONNECTION */;
```

如下圖所示，建立 cwbsite 資料表完成之後，我們可以看到下圖之 cwbsite 資料表欄位結構圖。

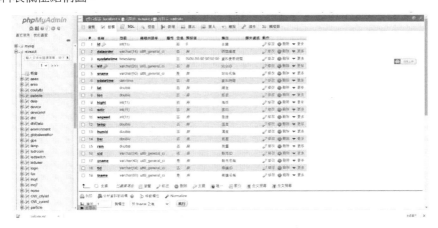

圖 72 cwbsite 資料表建立完成

接下來我們介紹地圖渲染程式『gencwball.php』，這個部分的資料主體，筆者會於『Open Data 之物聯網系統開發(基礎入門篇)：An Introduction to the System

Development of Internet of Thing integrated with Open Data Communication』一書中，
詳加解釋(曹永忠, 2020b, 2020c, 2020d)，對於程式產生的資料，請參考網址：
https://github.com/brucetsao/eMap8/blob/master/Website/json/cwbdata.json，就可以了
解中央氣象局的氣象資料應用於本系統的 json 格式。

　　筆者本文只有資料的截取與運用。

表 20 中央氣象局氣象資料產生程式

中央氣象局氣象資料產生程式(\gencwball.php)

```php
<?php


$datastr1 =    "SELECT * FROM ncnuiot.cwbsite order by lat,lon ;"   ;


$link1=Connection();

        $resultzz1=mysql_query($datastr1,$link1);
        $num_rows1 = mysql_num_rows($resultzz1);
        echo "{\n\t\"type\": \"FeatureCollection\",\n\t\"features\": \n[";
        $count= 1 ;
    if($num_rows1 >0)
      {
        while($row1 = mysql_fetch_array($resultzz1))
        {
        $tt = sprintf("\n\n\t\"type\": \"Feature\",\n\t\"geometry\":
{\n\t\t\"type\": \"Point\",\n\t\t\"coordinates\": [%f,%f]\n\t},\n\t\"proper-
ties\":\n\t{\n\t\t\"height\": %d ,\n\t\t\"wdir\": %d ,\n\t\t\"wspeed\":
%d ,\n\t\t\"temp\": %f ,\n\t\t\"humid\": %f ,\n\t\t\"bar\": %f ,\n\t\t\"rain\": %f
\n\t}\n}",$row1['lon'],$row1['lat'],$row1['height'],$row1['wdir'],$row1['wspeed'],$r
ow1['temp'],$row1['humid'],$row1['bar'],$row1['rain']);

        echo $tt ;
        if ($count < $num_rows1)
          {
```

```
                                $tmp = ",\n";
                                echo $tmp ;
                    }
                $count= $count +1      ;
        //    echo "<br>" ;
        }
        // write tailer
        echo "\n\t]\n}";

            mysql_free_result($resultzz1);
        }

?>
```

如表 20 中央氣象局氣象資料產生程式所示，我們如下表所示：

```
$datastr1 =   "SELECT * FROM ncnuiot.cwbsite order by lat,lon ;"   ;
```

建立$datastr1，使用 SQL 語法『SELECT * FROM ncnuiot.cwbsite order by lat,lon ;』，把中央氣象局目前氣象資料讀取出來，至於如何產生這些資料，與如何連接到中央氣象等相關介紹，筆者會於『Open Data 之物聯網系統開發(基礎入門篇)：An Introduction to the System Development of Internet of Thing integrated with Open Data Communication』一書中，詳加解釋(曹永忠, 2020b, 2020c, 2020d)。

如表 20 中央氣象局氣象資料產生程式所示，我們如下表所示：

```
$link1=Connection();
```

用變數連接 SQL 連接：Connection();。

如表 20 中央氣象局氣象資料產生程式所示，我們如下表所示：

```
$resultzz1=mysql_query($datastr1,$link1);
```

執行上述的 SQL 敘述後，回傳 dataset 到$resultzz1。

如表 20 中央氣象局氣象資料產生程式所示，我們如下表所示：

```
$num_rows1 = mysql_num_rows($resultzz1);
```

取得上面 SQL 敘述後，回傳 dataset 的筆數，並給予這筆數給變數$num_rows1。

如表 20 中央氣象局氣象資料產生程式所示，我們如下表所示：

```
echo "{\n\t\"type\": \"FeatureCollection\",\n\t\"features\": \n[";
```

產生 cwdata.json 的開始資料。

如表 20 中央氣象局氣象資料產生程式所示，我們如下表所示：

```
    if($num_rows1 >0)
      {
          while($row1 = mysql_fetch_array($resultzz1))
          {
              $tt = sprintf("\n{\n\t\"type\": \"Feature\",\n\t\"geometry\":
{\n\t\t\"type\": \"Point\",\n\t\t\"coordinates\": [%f,%f]\n\t},\n\t\"proper-
ties\":\n\t{\n\t\t\"height\": %d ,\n\t\t\"wdir\": %d ,\n\t\t\"wspeed\":
%d ,\n\t\t\"temp\": %f ,\n\t\t\"humid\": %f ,\n\t\t\"bar\": %f ,\n\t\t\"rain\": %f
\n\t}\n}",$row1['lon'],$row1['lat'],$row1['height'],$row1['wdir'],$row1['wspeed'],$r
ow1['temp'],$row1['humid'],$row1['bar'],$row1['rain']);

              echo $tt ;
              if ($count < $num_rows1)
                 {
                          $tmp = ",\n";
                          echo $tmp ;
                 }
              $count= $count +1      ;
```

```
//    echo "<br>" ;
    }
```

透過 while 迴圈，將取得上面 SQL 敘述後，回傳 dataset 一筆一筆讀出，寫入 json 資料。

如表 20 中央氣象局氣象資料產生程式所示，我們如下表所示：

```
$tt = sprintf("\n{\n\t\"type\": \"Feature\",\n\t\"geometry\": {\n\t\t\"type\":
\"Point\",\n\t\t\"coordinates\": [%f,%f]\n\t},\n\t\"properties\":\n\t{\n\t\t\"height\":
%d ,\n\t\t\"wdir\": %d ,\n\t\t\"wspeed\": %d ,\n\t\t\"temp\": %f ,\n\t\t\"humid\":
%f ,\n\t\t\"bar\": %f ,\n\t\t\"rain\": %f
\n\t}\n}",$row1['lon'],$row1['lat'],$row1['height'],$row1['wdir'],$row1['wspeed'],$r
ow1['temp'],$row1['humid'],$row1['bar'],$row1['rain']);
```

透過 sprintf 與資料讀取：$row1[資料欄位]，將實際資料填入字串中，在印出

產生 json 資料，如下表所示為中央氣象局一個站台氣象資料範本。

表 21 中央氣象局一個站台氣象資料範本

```
{
    "type": "Feature",
    "geometry": {
        "type": "Point",
        "coordinates": [120.847244,21.902650]
    },
    "properties":
    {
        "height": 0 ,
        "wdir": 258 ,
        "wspeed": 4 ,
        "temp": 30.700000 ,
        "humid": 7.600000 ,
        "bar": 1008.600000 ,
```

```
        "rain": 0.000000
    }
}
```

如表 20 中央氣象局氣象資料產生程式所示，我們如下表所示：

```
        echo "\n\t]\n}";
```

印出產生 json 最後的資料括符。

如表 20 中央氣象局氣象資料產生程式所示，我們如下表所示：

```
mysql_free_result($resultzz1);
```

關閉資料庫。

透過上述講解，讀者應該可以了解，讀者可以參考網址：https://github.com/brucetsao/eMap8/tree/master/Website/json，參考該網址的 json 檔案，與程式互相參考，就可以有全盤的了解。

監控系統資料介紹

對於這個部分牽扯不少，有關於中央氣象局資料，請參考筆者：環境監控系統之物聯網系統開發(基礎入門篇):An Introduction to the System Development of Environment Monitoring System based on Internet of Thing 一書 (曹永忠, 2020b, 2020c, 2020d)，目前請先參考下表，建立 site 資料表。

表 22 site 資料表欄位規格書

欄位名稱	型態	欄位解釋
id	Int(11)	主鍵
areaid	Char(16)	區域代碼
siteid	Char(16)	站台編號
sitename	Char(20)	站台名稱
address	Char(200)	站台位置住址
longitude	Char(22)	經度
latitude	Char(22)	緯度

讀者也可以參考下表，使用 SQL 敘述，建立 site 資料表。

表 site 資料表 SQL 敘述

```
-- phpMyAdmin SQL Dump
-- version 4.8.2
-- https://www.phpmyadmin.net/
--
-- 主機: localhost
-- 產生時間：2021 年 05 月 29 日 14:22
-- 伺服器版本: 5.5.57-MariaDB
-- PHP 版本：5.6.31

SET SQL_MODE = "NO_AUTO_VALUE_ON_ZERO";
SET AUTOCOMMIT = 0;
START TRANSACTION;
SET time_zone = "+00:00";


/*!40101 SET
@OLD_CHARACTER_SET_CLIENT=@@CHARACTER_SET_CLIENT */;
/*!40101 SET
@OLD_CHARACTER_SET_RESULTS=@@CHARACTER_SET_RESULTS
*/;
/*!40101 SET
@OLD_COLLATION_CONNECTION=@@COLLATION_CONNECTION */;
```

```
/*!40101 SET NAMES utf8mb4 */;


--
-- 資料庫： `ncnuiot`
--

-- --------------------------------------------------------


--
-- 資料表結構 `site`
--

CREATE TABLE `site` (
  `id` int(11) NOT NULL COMMENT '主鍵',
  `areaid` varchar(16) CHARACTER SET ascii DEFAULT NULL COMMENT '
區域主鍵號碼',
  `siteid` varchar(16) CHARACTER SET ascii NOT NULL COMMENT '區域代
碼',
  `sitename` varchar(80) CHARACTER SET utf8 COLLATE utf8_unicode_ci
NOT NULL COMMENT '站台名稱',
  `address` varchar(200) CHARACTER SET utf8 COLLATE utf8_unicode_ci
NOT NULL COMMENT '站台位置住址',
  `longitude` varchar(22) CHARACTER SET ascii NOT NULL COMMENT '經
度',
  `latitude` varchar(22) CHARACTER SET ascii NOT NULL COMMENT '緯度
'
) ENGINE=MyISAM DEFAULT CHARSET=latin1;


--
-- 資料表的匯出資料 `site`
--

INSERT INTO `site` (`id`, `areaid`, `siteid`, `sitename`, `address`, `longitude`,
`latitude`) VALUES
(1, 'NANTOU', 'NCNUCST01', '國立暨南國際大學科技學院科一館 412 研究室',
'南投縣埔里鎮大學路 1 號', '120.930743', '23.952283'),
;
```

```
--
-- 已匯出資料表的索引
--


--
-- 資料表索引 `site`
--
ALTER TABLE `site`
  ADD PRIMARY KEY (`id`);


--
-- 在匯出的資料表使用 AUTO_INCREMENT
--


--
-- 使用資料表 AUTO_INCREMENT `site`
--
ALTER TABLE `site`
  MODIFY `id` int(11) NOT NULL AUTO_INCREMENT COMMENT '主鍵',
AUTO_INCREMENT=3;
COMMIT;

/*!40101 SET
CHARACTER_SET_CLIENT=@OLD_CHARACTER_SET_CLIENT */;
/*!40101 SET
CHARACTER_SET_RESULTS=@OLD_CHARACTER_SET_RESULTS */;
/*!40101 SET
COLLATION_CONNECTION=@OLD_COLLATION_CONNECTION */;
```

如下圖所示，建立 site 資料表完成之後，我們可以看到下圖之 site 資料表欄位結構圖。

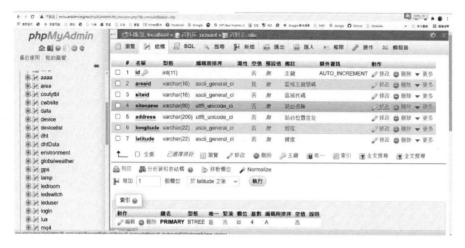

圖 73 site 資料表建立完成

接下來我們介紹地圖渲染程式『gencwball.php』，這個部分的資料主體，筆者會於『環境監控系統之物聯網系統開發(基礎入門篇):An Introduction to the System Development of Environment Monitoring System based on Internet of Thing』一書中，詳加解釋 (曹永忠, 2020b, 2020c, 2020d)，對於程式產生的資料，請參考網址：https://github.com/brucetsao/eMap8/blob/master/Website/json/data.json，就可以了解本書程式產生的 json 格式資料。

下表所示為本書之顯示站台資料產生程式。

表 23 顯示站台資料產生程式

顯示站台資料產生程式(\genmapall.php)

``
<?php
 	
$str1 =   "select * from ncnuiot.site order by   latitude,longitude   ;"   ;
 	
            $result1=mysql_query($str1,$link);
            $num_rows = mysql_num_rows($result1);
``

```php
        echo "{\n\t\"type\": \"FeatureCollection\",\n\t\"features\": \n[";
        $count= 1 ;
        $tt = "" ;
            while($row = mysql_fetch_array($result1))
                {
                    $tt = sprintf("\"title\": \"%s <br> (%s) <br>
GPS:(%s,%s) <br> %s <br>",$row['sitename'],$row['siteid'],$row['longi-
tude'],$row['latitude'],$row['address']);
                    $str2 =   sprintf("select * from ncnuiot.sitelist,
ncnuiot.sensortype where sensortype.sid = sitelist.sensortype and
sitelist.Did = %d order by sensortype asc ",$row['id'] );
                    $result2=mysql_query($str2,$link);
                    while($row2 = mysql_fetch_array($result2))
                    {
                        $mac = $row2['mac'] ;
                        $sensortp = $row2['sensortype'] ;
                        if (!strcmp($sensortp, "01"))
                            {
                                $str3 =   sprintf("select * from
ncnuiot.dhtData where MAC = '%s' order by systime desc limit 0,1 ",$mac );

                                $re-
sult3=mysql_query($str3,$link);
                                    while($row3 =
mysql_fetch_array($result3))
                                    {
            //                          echo sprintf("Sen-
sor:%s Temperature:%f ,Humidity: %f <br>",$row2['ename'],$row3['tempera-
ture'],$row3['humidity'])."<br>";

                                        $tt = $tt.sprintf("loca-
tion:%s Sensor:%s Temperature(%f) ,Humid-
ity(%f)<br>",$row2['ps'],$row2['ename'],$row3['temperature'],$row3['humidi-
ty']);

                                    }
                        }   //    end of if ($sensortp ==

                        if (!strcmp($sensortp, "11"))
                            {
```

```
                                                    //select *   from ncnuiot.dht-
Data where MAC = '246F28248CE0' order by systime desc   limit 0,1
                                        $str3 =    sprintf("select * from
ncnuiot.dht where MAC = '%s' order by systime desc limit 0,1 ",$mac );
                                        $re-
sult3=mysql_query($str3,$link);

                                        while($row3 =
mysql_fetch_array($result3))

                                        {
                                                $tt = $tt.sprintf("loca-
tion:%s Sensor:%s Temperature(%f) ,Humid-
ity(%f)<br>",$row2['ps'],$row2['ename'],$row3['temperature'],$row3['humidi-
ty']);

                                        }
                        }    //    end of if ($sensortp ==

                    if (!strcmp($sensortp, "12"))
                        {
                                        //select *   from ncnuiot.dht-
Data where MAC = '246F28248CE0' order by systime desc   limit 0,1
                                        $str3 =    sprintf("select * from
ncnuiot.lux where MAC = '%s' order by systime desc limit 0,1 ",$mac );
                                        $re-
sult3=mysql_query($str3,$link);

                                        while($row3 =
mysql_fetch_array($result3))

                                        {
                                                $tt = $tt.sprintf("loca-
tion:%s Sensor:%s Lux Value(%f)
<br>",$row2['ps'],$row2['ename'],$row3['luxvalue']);
                                        }
                        }    //    end of if ($sensortp ==

                    // 41 is dhtData
                    if (!strcmp($sensortp, "41"))
                        {
                                        //select *   from ncnuiot.dht-
Data where MAC = '246F28248CE0' order by systime desc   limit 0,1
```

```php
                                        $str3 =   sprintf("select * from
ncnuiot.noise where MAC = '%s' order by systime desc limit 0,1 ",$mac );

                                        $re-
sult3=mysql_query($str3,$link);
                                        while($row3 =
mysql_fetch_array($result3))
                                        {
                                                $tt = $tt.sprintf("loca-
tion:%s Sensor:%s Decibel
Value(%f)<br>",$row2['ps'],$row2['ename'],$row3['dbvalue']);
                                        }
                                }   //    end of if ($sensortp ==

                        // 64 is mq3
                        if (!strcmp($sensortp, "63"))
                        {
                                //select *   from ncnuiot.dht-
Data where MAC = '246F28248CE0' order by systime desc   limit 0,1
                                $str3 =   sprintf("select * from
ncnuiot.mq4 where MAC = '%s' order by systime desc limit 0,1 ",$mac );
//                              echo $str3."<br>";
                                $re-
sult3=mysql_query($str3,$link);
                                        while($row3 =
mysql_fetch_array($result3))
                                        {
                                                $tt = $tt.sprintf("loca-
tion:%s Sensor:%s Methane
Gas(%f)<br>",$row2['ps'],$row2['ename'],$row3['mqvalue']);
                                        }
                                }   //    end of if ($sensortp ==
                        if (!strcmp($sensortp, "64"))
                        {
                                //select *   from ncnuiot.dht-
Data where MAC = '246F28248CE0' order by systime desc   limit 0,1
                                $str3 =   sprintf("select * from
ncnuiot.mq7 where MAC = '%s' order by systime desc limit 0,1 ",$mac );
```

```php
                                                    $re-
sult3=mysql_query($str3,$link);
                                                while($row3 =
mysql_fetch_array($result3))
                                            {
                                                $tt = $tt.sprintf("loca-
tion:%s Sensor:%s Carbon Monox-
ide(%f)<br>",$row2['ps'],$row2['ename'],$row3['mqvalue']);
                                            }
                                    }    //    end of if ($sensortp ==


                        }        // end of while($row2 = mysql_fetch_ar-
ray($result2))
                    $tt = $tt."\"" ;
                $tmp = sprintf("\n\t{\n\t\t\"type\": \"Feature\",\n\t\t\"proper-
ties\": {\n\t\t\t\"amount\": %d ,\n\t\t\t %s ,\n\t\t\t\"species\": \"%s\"},\n\t\t\"geom-
etry\": {\n\t\t\t\"type\": \"Point\",\n\t\t\t\"coordinates\": [%f,
%f]\n\t\t}\n\t}",$row['id'],$tt,'Environement',$row['longitude'],$row['latitude']);


                echo $tmp ;

                if ($count < $num_rows)
                    {
                            $tmp = ",\n";
                            echo $tmp ;
                    }
                $count= $count +1    ;
        }    // end of while($row = mysql_fetch_array($result1))
ALL data is here
            echo "\n\t]\n}";

            mysql_free_result($result1);
            mysql_free_result($result2);
            mysql_free_result($result3);


?>
```

如表 23 顯示站台資料產生程式所示,我們如下表所示:

```
$str1 =   "select * from ncnuiot.site order by  latitude,longitude   ;"
```

建立 $datastr1 , 使 用 SQL 語 法 『 select * from ncnuiot.site order by latitude,longitude;』 , 把 NCNUIOT 資料庫的 SITE 資料表之資料讀取出來。

如表 23 顯示站台資料產生程式所示,我們如下表所示:

```
$result1=mysql_query($str1,$link);
```

執行上述的 SQL 敘述後,回傳 dataset 到$resultzz1。

如表 23 顯示站台資料產生程式所示,我們如下表所示:

```
$num_rows = mysql_num_rows($result1);
```

取得上面SQL 敘述後,回傳dataset的筆數,並給予這筆數給變數$num_rows1。

如表 23 顯示站台資料產生程式所示,我們如下表所示:

```
echo "{\n\t\"type\": \"FeatureCollection\",\n\t\"features\": \n[";
```

產生 data.json 的開始資料。

如表 23 顯示站台資料產生程式所示,我們如下表所示:

```
$count= 1 ;
```

產生變數:$count,並將變數設為 1。

- 169 -

如表 23 顯示站台資料產生程式所示，我們如下表所示：

```
$tt = "" ;
```

產生變數：$tt = "" ;，並將變數設為 空值。

如表 23 顯示站台資料產生程式所示，我們如下表所示：

```
while($row = mysql_fetch_array($result1))
    {
        $tt = sprintf("\"title\": \"%s <br> (%s) <br> GPS:(%s,%s) <br> %s
<br>",$row['sitename'],$row['siteid'],$row['longitude'],$row['latitude'],$row['ad-
dress']);
        $str2 =   sprintf("select * from ncnuiot.sitelist, ncnuiot.sensortype
where sensortype.sid = sitelist.sensortype and sitelist.Did = %d order by sen-
sortype asc ",$row['id'] );
        $result2=mysql_query($str2,$link);
        while($row2 = mysql_fetch_array($result2))
        {
            $mac = $row2['mac'] ;
            $sensortp = $row2['sensortype'] ;
            if (!strcmp($sensortp, "01"))
                {
                    $str3 =   sprintf("select * from ncnuiot.dhtData
where MAC = '%s' order by systime desc limit 0,1 ",$mac );
                    $result3=mysql_query($str3,$link);
                    while($row3 = mysql_fetch_array($result3))
                    {
    //                              echo sprintf("Sensor:%s Tempera-
ture:%f ,Humidity: %f <br>",$row2['ename'],$row3['temperature'],$row3['hu-
midity'])."<br>";
                                $tt = $tt.sprintf("location:%s Sensor:%s
Tempera-tu-re(%f) ,Humidity(%f)<br>",$row2['ps'],$row2['ename'],$row3['tem-
perature'],$row3['humidity']);
                    }
                }   //    end of if ($sensortp ==
```

```php
                if (!strcmp($sensortp, "11"))
                {
                        //select *   from ncnuiot.dhtData where MAC =
'246F28248CE0' order by systime desc    limit 0,1
                        $str3 =   sprintf("select * from ncnuiot.dht where
MAC = '%s' order by systime desc limit 0,1 ",$mac );
                        $result3=mysql_query($str3,$link);
                                while($row3 = mysql_fetch_array($result3))
                                {
                                        $tt = $tt.sprintf("location:%s Sensor:%s
Tempera-tu-re(%f) ,Humidity(%f)<br>",$row2['ps'],$row2['ename'],$row3['tem-
perature'],$row3['humidity']);
                                }
                }   //    end of if ($sensortp ==

                if (!strcmp($sensortp, "12"))
                {
                        //select *   from ncnuiot.dhtData where MAC =
'246F28248CE0' order by systime desc    limit 0,1
                        $str3 =   sprintf("select * from ncnuiot.lux where
MAC = '%s' order by systime desc limit 0,1 ",$mac );
                        $result3=mysql_query($str3,$link);
                                while($row3 = mysql_fetch_array($result3))
                                {
                                        $tt = $tt.sprintf("location:%s Sensor:%s
Lux Value(%f) <br>",$row2['ps'],$row2['ename'],$row3['luxvalue']);
                                }
                }   //    end of if ($sensortp ==

                // 41 is dhtData
                if (!strcmp($sensortp, "41"))
                {
                        //select *   from ncnuiot.dhtData where MAC =
'246F28248CE0' order by systime desc    limit 0,1
                        $str3 =   sprintf("select * from ncnuiot.noise where
MAC = '%s' order by systime desc limit 0,1 ",$mac );
                        $result3=mysql_query($str3,$link);
                                while($row3 = mysql_fetch_array($result3))
```

```php
                    {
                        $tt = $tt.sprintf("location:%s Sensor:%s
Decibel Val-ue(%f)<br>",$row2['ps'],$row2['ename'],$row3['dbvalue']);
                    }
                }    //    end of if ($sensortp ==


            // 64 is mq3
        if (!strcmp($sensortp, "63"))
                {
                        //select *   from ncnuiot.dhtData where MAC =
'246F28248CE0' order by systime desc    limit 0,1
                        $str3 =   sprintf("select * from ncnuiot.mq4 where
MAC = '%s' order by systime desc limit 0,1 ",$mac );
//                                  echo $str3."<br>";
                        $result3=mysql_query($str3,$link);
                            while($row3 = mysql_fetch_array($result3))
                            {
                                $tt = $tt.sprintf("location:%s Sensor:%s
Methane Gas(%f)<br>",$row2['ps'],$row2['ename'],$row3['mqvalue']);
                            }
                }    //    end of if ($sensortp ==
        if (!strcmp($sensortp, "64"))
                {
                        //select *   from ncnuiot.dhtData where MAC =
'246F28248CE0' order by systime desc    limit 0,1
                        $str3 =   sprintf("select * from ncnuiot.mq7 where
MAC = '%s' order by systime desc limit 0,1 ",$mac );
                        $result3=mysql_query($str3,$link);
                            while($row3 = mysql_fetch_array($result3))
                            {
                                $tt = $tt.sprintf("location:%s Sensor:%s
Carbon Monox-ide(%f)<br>",$row2['ps'],$row2['ename'],$row3['mqvalue']);
                            }
                }    //    end of if ($sensortp ==


        }         // end of while($row2 = mysql_fetch_array($result2))
```

透過 while 迴圈，將取得上面 SQL 敘述後，回傳 dataset 一筆一筆讀出，寫入
json 資料。

如表 23 顯示站台資料產生程式所示，我們如下表所示：

```
$tt = sprintf("\"title\": \"%s <br> (%s) <br> GPS:(%s,%s) <br> %s
<br>",$row['sitename'],$row['siteid'],$row['longitude'],$row['latitude'],$row['ad-
dress']);
```

透過 sprintf 與資料讀取：$row1[資料欄位]，將實際資料填入字串中，在印出
產生 json 資料，如下表所示為顯示監控資料範本。

表 24 顯示監控資料範本

```
{
    "type": "Feature",
    "properties": {
        "amount": 1 ,
        "title": "國立暨南國際大學科技學院科一館 412 研究室  <br>
(NCNUCST01) <br> GPS:(120.930743,23.952283) <br> 南投縣埔里鎮大學路
1 號 <br>location:溫溼度感測器(Modbus) Sensor:Temperature and humidity
Temperature(22.400000) ,Humidity(56.300000)<br>location:溫溼度感測器(家
居型) Sensor:Temperature and humidity Temperature(26.000000) ,Humid-
ity(54.000000)<br>location:亮度感測器(Lux 流明值) Sensor:Light Lux Lux
Value(-2.000000) <br>location:甲烷 氣體感測器(家居感測器) Sensor:Me-
thane Gas Methane Gas(569.000000)<br>" ,
        "species": "Environement"},
    "geometry": {
        "type": "Point",
        "coordinates": [120.930743, 23.952283]
    }
}
```

如表 23 顯示站台資料產生程式所示，我們如下表所示：

```
$tt = $tt."\"" ;
$tmp = sprintf("\n\t{\n\t\t\"type\": \"Feature\",\n\t\t\"properties\":
{\n\t\t\t\"amount\": %d ,\n\t\t\t %s ,\n\t\t\t\"species\": \"%s\"},\n\t\t\"geometry\":
{\n\t\t\t\"type\": \"Point\",\n\t\t\t\"coordinates\": [%f,
%f]\n\t\t}\n\t}",$row['id'],$tt,'Environement',$row['longitude'],$row['latitude']);
```

產生最後資料。

如表 23 顯示站台資料產生程式所示，我們如下表所示：

```
 echo $tmp ;
```

印出一筆最後的資料。

如表 23 顯示站台資料產生程式所示，我們如下表所示：

```
if ($count < $num_rows)
{
$tmp = ",\n";
echo $tmp ;
}
```

判斷是否為最後的資料。

如表 23 顯示站台資料產生程式所示，我們如下表所示：

```
$count= $count +1
```

計算筆數+1。

如表 23 顯示站台資料產生程式所示，我們如下表所示：

```
$count= $count +1
```

計算筆數+1。

如表 23 顯示站台資料產生程式所示，我們如下表所示：

```
echo "\n\t]\n}";
```

如果為最後，印出最後 json 的括號，完成 json 資料列印。

表 23 顯示站台資料產生程式所示，我們如下表所示：

```
mysql_free_result($result1);
mysql_free_result($result2);
mysql_free_result($result3);
```

關閉所有資料資料庫連接。

如表 23 顯示站台資料產生程式所示，我們如下表所示：

```
$tt = sprintf("\"title\": \"%s <br> (%s) <br> GPS:(%s,%s) <br> %s
<br>",$row['sitename'],$row['siteid'],$row['longitude'],$row['latitude'],$row['address']);
```

用變數$tt 儲存要列站台基本資料，讓下個擷取資料的 SQL 敘述可以產生。

如表 23 顯示站台資料產生程式所示，我們如下表所示：

```
$str2 =   sprintf("select * from ncnuiot.sitelist, ncnuiot.sensortype where sensortype.sid = sitelist.sensortype and sitelist.Did = %d order by sensortype asc ",$row['id'] );
```

用變數$str2 儲存要列站台內每一個感測器資料的 json 資料的列印格式資料。

如表 23 顯示站台資料產生程式所示，我們如下表所示：

```
$result2=mysql_query($str2,$link);
```

透過 mysql_query()，執行：變數$str2 的 SQL 敘述，並將結果回傳到$result2。

如表 23 顯示站台資料產生程式所示，我們如下表所示：

```php
        while($row2 = mysql_fetch_array($result2))
        {
              $mac = $row2['mac'] ;
              $sensortp = $row2['sensortype'] ;
              if (!strcmp($sensortp, "01"))
                        {
                              $str3 =   sprintf("select * from ncnuiot.dhtData
where MAC = '%s' order by systime desc limit 0,1 ",$mac );
                              $result3=mysql_query($str3,$link);
                              while($row3 = mysql_fetch_array($result3))
                              {
     //                            echo sprintf("Sensor:%s Tempera-
ture:%f ,Humidity: %f <br>",$row2['ename'],$row3['temperature'],$row3['hu-
midity'])."<br>";
                                    $tt = $tt.sprintf("location:%s Sensor:%s
Tempera-tu-re(%f) ,Humidity(%f)<br>",$row2['ps'],$row2['ename'],$row3['tem-
perature'],$row3['humidity']);
                              }
                        }    //    end of if ($sensortp ==

              if (!strcmp($sensortp, "11"))
                        {
                              //select *   from ncnuiot.dhtData where MAC =
'246F28248CE0' order by systime desc    limit 0,1
                              $str3 =   sprintf("select * from ncnuiot.dht where
MAC = '%s' order by systime desc limit 0,1 ",$mac );
                              $result3=mysql_query($str3,$link);
                              while($row3 = mysql_fetch_array($result3))
                              {
                                    $tt = $tt.sprintf("location:%s Sensor:%s
Tempera-tu-re(%f) ,Humidity(%f)<br>",$row2['ps'],$row2['ename'],$row3['tem-
perature'],$row3['humidity']);
                              }
                        }    //    end of if ($sensortp ==

              if (!strcmp($sensortp, "12"))
                        {
```

```
                              //select *   from ncnuiot.dhtData where MAC =
'246F28248CE0' order by systime desc    limit 0,1
                              $str3 =   sprintf("select * from ncnuiot.lux where
MAC = '%s' order by systime desc limit 0,1 ",$mac );
                         $result3=mysql_query($str3,$link);
                              while($row3 = mysql_fetch_array($result3))
                              {
                                   $tt = $tt.sprintf("location:%s Sensor:%s
Lux Value(%f) <br>",$row2['ps'],$row2['ename'],$row3['luxvalue']);
                              }
                    }    //    end of if ($sensortp ==


          // 41 is dhtData
          if (!strcmp($sensortp, "41"))
                    {
                              //select *   from ncnuiot.dhtData where MAC =
'246F28248CE0' order by systime desc    limit 0,1
                              $str3 =   sprintf("select * from ncnuiot.noise where
MAC = '%s' order by systime desc limit 0,1 ",$mac );
                         $result3=mysql_query($str3,$link);
                              while($row3 = mysql_fetch_array($result3))
                              {
                                   $tt = $tt.sprintf("location:%s Sensor:%s
Decibel Val-ue(%f)<br>",$row2['ps'],$row2['ename'],$row3['dbvalue']);
                              }
                    }    //    end of if ($sensortp ==


          // 64 is mq3
          if (!strcmp($sensortp, "63"))
                     {
                              //select *   from ncnuiot.dhtData where MAC =
'246F28248CE0' order by systime desc    limit 0,1
                              $str3 =   sprintf("select * from ncnuiot.mq4 where
MAC = '%s' order by systime desc limit 0,1 ",$mac );
//                                             echo $str3."<br>";
                         $result3=mysql_query($str3,$link);
                              while($row3 = mysql_fetch_array($result3))
                              {
```

```
                                    $tt = $tt.sprintf("location:%s Sensor:%s
Methane Gas(%f)<br>",$row2['ps'],$row2['ename'],$row3['mqvalue']);
                            }
                    }    //    end of if ($sensortp ==
        if (!strcmp($sensortp, "64"))
                    {
                            //select *   from ncnuiot.dhtData where MAC =
'246F28248CE0' order by systime desc    limit 0,1
                            $str3 =   sprintf("select * from ncnuiot.mq7 where
MAC = '%s' order by systime desc limit 0,1 ",$mac );
                            $result3=mysql_query($str3,$link);
                                while($row3 = mysql_fetch_array($result3))
                                {
                                    $tt = $tt.sprintf("location:%s Sensor:%s
Carbon Monox-ide(%f)<br>",$row2['ps'],$row2['ename'],$row3['mqvalue']);
                                }
                    }    //    end of if ($sensortp ==


        }           // end of while($row2 = mysql_fetch_array($result2))
```

透過$result2 回傳的 dataset，透過迴圈，讀取每一個站台內部資料。

如表 23 顯示站台資料產生程式所示，我們如下表所示：

```
$mac = $row2['mac'] ;
```

取出網路卡編號，回傳$mac 變數。

如表 23 顯示站台資料產生程式所示，我們如下表所示：

```
$sensortp = $row2['sensortype']
```

取$row2['sensortype'] 的感測類別，回傳$sensortp 變數。

如表 23 顯示站台資料產生程式所示，我們如下表所示：

```
if (!strcmp($sensortp, "01"))
        {
                $str3 =  sprintf("select * from ncnuiot.dhtData where MAC =
'%s' order by systime desc limit 0,1 ",$mac );
                $result3=mysql_query($str3,$link);
                while($row3 = mysql_fetch_array($result3))
                {
//                            echo sprintf("Sensor:%s Temperature:%f ,Hu-
midity: %f <br>",$row2['ename'],$row3['temperature'],$row3['humidi-
ty'])."<br>";
                    $tt = $tt.sprintf("location:%s Sensor:%s Tempera-tu-
re(%f) ,Humidity(%f)<br>",$row2['ps'],$row2['ename'],$row3['tempera-
ture'],$row3['humidity']);
                }
        }  //    end of if ($sensortp ==
```

系統會根據下表所示之監控系統感測器類別代碼表，透過『if (!strcmp($sensortp, "01"))』，透過下表的感測代號置換"01"的部分，執行對應的資料檔與資料表格，進行對應的 SQL 敘述，再進行資料查詢與列印與產生 json 資料。

表 25 監控系統感測器類別代碼表

感測代號	感測器類別名稱	感測器英文名稱	感測器中文名稱
01	溫溼度感測器	Temperature and humidity	溫溼度感測器(Modbus)
02	簡單型溫溼度感測裝置	Temperature and humidity	簡單型溫溼度感測裝置 (DHT11/21/22)
31	風速風向	Wind Speed & Direction	風速風向(modbus)
03	空汙資料	Air Particle	空汙資料 (PM1.0/PM2.5/PM10)
11	溫溼度感測器	Temperature and humidity	溫溼度感測器(家居型)
12	亮度感測器	Light Lux	亮度感測器(Lux 流明值)

63	甲烷 氣體感測器	Methane Gas	甲烷 氣體感測器(家居感測器)
64	一氧化碳感測	Carbon Monoxide	一氧化碳 氣體感測器模組(家用型)
41	分貝感測器	Sound Decibel	分貝感測器(Sound Decibel Sensor)

對於不同的感測器類別，基本上大同小異，本書針對圖資系統介紹，對於環境控制的細節部分，請參考筆者：環境監控系統之物聯網系統開發(基礎入門篇):An Introduction to the System Development of Environment Monitoring System based on Internet of Thing 一書(曹永忠, 2020b, 2020c, 2020d)。

透過上述講解，讀者應該可以了解，讀者可以參考網址：https://github.com/brucetsao/eMap8/tree/master/Website/json，參考該網址的 json 檔案，與程式互相參考，就可以有全盤的了解。

章節小結

本章主要告訴讀者，如何利用台灣圖霸網站圖資雲端服務，使用視覺化方式即時地圖資訊，由於台灣圖霸網站雲端服務有許多功能與不同的使用地圖與顯示格式，其他的也都是大同小異， 相信讀者可以融會貫通。

本書總結

在此感謝許多有心的讀者提供筆者許多寶貴的意見與建議，筆者群不勝感激，許多讀者希望筆者可以推出更多的教學書籍與產品開發專案書籍給更多想要進入『工業 4.0』、『物聯網』、『智慧家庭』這個未來大趨勢，所有才有這個系列的產生。

本系列叢書的特色是一步一步教導大家使用更基礎的東西，來累積各位的基礎能力，讓大家能學習之中，可以拔的頭籌，所以本系列是一個永不結束的系列，只要更多的東西被開發、製造出來，相信筆者會更衷心的希望與各位永遠在這條研究、開發路上與大家同行。

作者介紹

曹永忠 (Yung-Chung Tsao)，國立中央大學資訊管理學系博士，目前在國立暨南國際大學電機工程學系與應用材料及光電工程學系擔任兼任助理教授與自由作家，專注於軟體工程、軟體開發與設計、物件導向程式設計、物聯網系統開發、Arduino 開發、嵌入式系統開發。長期投入資訊系統設計與開發、企業應用系統開發、軟體工程、物聯網系統開發、軟硬體技術整合等領域，並持續發表作品及相關專業著作，

並通過台灣圖霸的專家認證

Email:prgbruce@gmail.com

Line ID：dr.brucetsao

WeChat：dr_brucetsao

作者網站：

https://www.cs.pu.edu.tw/~yctsao/

臉書社群(Arduino.Taiwan)：https://www.facebook.com/groups/Arduino.Taiwan/

Github 網站：https://github.com/brucetsao/

台灣圖霸：https://www.map8.zone

原始碼網址：https://github.com/brucetsao/eMap8

Youtube：

https://www.youtube.com/channel/UCcYG2yY_u0m1aotcA4hrRgQ

許智誠 (Chih-Cheng Hsu)，美國加州大學洛杉磯分校(UCLA) 資訊工程系博士，曾任職於美國 IBM 等軟體公司多年，現任教於中央大學資訊管理學系專任副教授，主要研究為軟體工程、設計流程與自動化、數位教學、雲端裝置、多層式網頁系統、系統整合、金融資料探勘、Python 建置(金融)資料探勘系統。

Email: khsu@mgt.ncu.edu.tw

作者網頁：http://www.mgt.ncu.edu.tw/~khsu/

蔡英德 (Yin-Te Tsai)，國立清華大學資訊科學博士，目前是靜宜大學資訊傳播工程學系教授，靜宜大學資訊學院院長及靜宜大學人工智慧創新應用研發中心主任。曾擔任台灣資訊傳播學會理事長，台灣國際計算器程式競賽暨檢定學會理

事，台灣演算法與計算理論學會理事、監事。主要研究為演算法設計與分析、生物資訊、軟體開發、智慧計算與應用。

Email:yttsai@pu.edu.tw

作者網頁：http://www.csce.pu.edu.tw/people/bio.php?PID=6#personal_writing

附錄

SHT2 溫濕度變送器產品說明：

本產品採用工業級晶片，高精度進口 SHT20 溫濕度感測器，確保產品的優異可靠性、高精度、互換性。採用 RS485 硬體介面(具有防雷設計)，協定層相容標準的工業 Modbus-Rtu 協定。本產品集 MODBUS 協定與普通協定於一體，使用者可以自行選擇通信協定，普通協定帶有自動上傳功能（連接 RS485 通過串口調式工具即會自動輸出溫濕度）。

接线方式

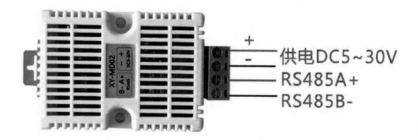

RS485通讯距离可达1000米

圖 74 SHT2 溫濕度變送器接線圖

产品参数

65mm
46mm
28.5mm

XY-MD02
B- A+ - +
485 DC-IN

重量：41g

产品品牌	欣易电子	温度精度	±0.5℃（25℃）
产品名称	温湿度变送器	湿度精度	±3%RH
直流供电	DC5-30V	温度量程	-40℃~+60℃
输出信号	RS485信号	湿度量程	0%RH~80%RH
通讯协议	Modbus-RTU协议和自定义普通协议	温度分辨率	0.1℃
通信地址	1~247可设，默认1	湿度分辨率	0.1%RH
波特率	可设置，默认9600 8位数据，1位停止，无校验	设备功耗	≤0.2W

圖 75 SHT2 溫濕度變送器產品參數圖

标准卡轨安装

标准35mm卡轨安装，外观小巧精美，可直接安装于标准DIN35导轨

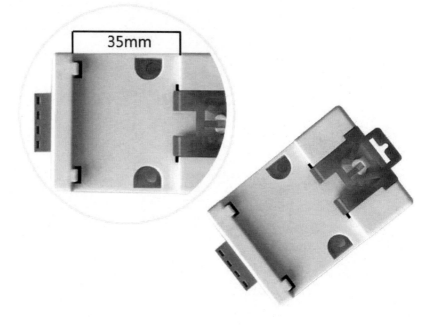

圖 76 SHT2 溫濕度變送器標準軌安裝圖

SHT2 溫濕度變送器 MODBUS 協議

SHT2 溫濕度變送器產品 Modbus 功能碼：

- 0x03:讀保持寄存器
- 0x04: 讀輸入寄存器
- 0x06:寫單個保持寄存器
- 0x10:寫多個保持寄存器

寄存器類型	寄存器位址	資料內容	位元組數
輸入寄存器	0x0001	溫度值	2
	0x0002	濕度值	2
保持寄存器	0x0101	設備位址 （1~247）	2
	0x0102	串列傳輸速率 0:9600 1:14400 2:19200	2
	0x0103	溫度修正值(/10) -10.0~10.0	2
	0x0104	濕度修正值(/10) -10.0~10.0	2

主機發送資料幀：

從機地址	功能碼	寄存器位	寄存器位	寄存器數	寄存器數	CRC	CRC

		址 高位元組	址 低位元組	量 高位元組	量 低位元組	高位元組	低位元組

從機回應資料幀：

從機地址	回應功能碼	位元組數	寄存器1資料高位元組	寄存器1資料低位元組	寄存器N資料高位元組	寄存器N資料低位元組	CRC高位元組	CRC低位元組

主機讀取溫度命令幀(0x04)：

從機地址	功能碼	寄存器位址高位元組	寄存器位址低位元組	寄存器數量高位元組	寄存器數量低位元組	CRC高位元組	CRC低位元組
0x01	0x04	0x00	0x01	0x00	0x01	0x60	0x0a

從機回應資料幀：

從機地址	功能碼	位元組數	溫度高位元組	溫度低位元組	CRC高位元組	CRC低位元組
0x01	0x04	0x02	0x01	0x31	0x79	0x74

溫度值=0x131,轉換成十進位 305，實際溫度值 = 305 / 10 = 30.5℃

注：溫度是有符號 16 進制數，溫度值=0xFF33,轉換成十進位 -205，實際溫度 = -20.5℃；

主機讀取濕度命令幀(0x04)：

從機地址	功能碼	寄存器位址高位元組	寄存器位址低位元組	寄存器數量高位元組	寄存器數量低位元組	CRC高位元組	CRC低位元組
0x01	0x04	0x00	0x02	0x00	0x01	0x90	0x0A

從機回應資料幀：

從機地址	功能碼	位元組數	濕度高位元組	濕度低位元組	CRC高位元組	CRC低位元組
0x01	0x04	0x02	0x02	0x22	0xD1	0xBA

濕度值=0x222,轉換成十進位 546，實際濕度值=546 / 10 = 54.6%；

連續讀取溫濕度命令幀(0x04)：

從機地址	功能碼	寄存器位址高位元組	寄存器位址低位元組	寄存器數量高位元組	寄存器數量低位元組	CRC高位元組	CRC低位元組
0x01	0x04	0x00	0x01	0x00	0x02	0x20	0x0B

從機回應資料幀：

從機地址	功能碼	位元組數	溫度高位元組	溫度低位元組	濕度高位元組	濕度低位元組	CRC高位元組	CRC低位元組
0x01	0x04	0x04	0x01	0x31	0x02	0x22	0x2A	0xCE

讀取保持寄存器的內容(0x03)：

以讀取從機地址為例：

從機地址	功能碼	寄存器位址 高位元組	寄存器位址 低位元組	寄存器數量 高位元組	寄存器數量 低位元組	CRC 高位元組	CRC 低位元組
0x01	0x03	0x01	0x01	0x00	0x01	0xD4	0x36

從機回應幀：

從機地址	功能碼	位元組數	從機地址 高位元組	從機地址 低位元組	CRC 高位元組	CRC 低位元組
0x01	0x03	0x02	0x00	0x01	0x30	0x18

修改保持寄存器的內容(0x06)：

以修改從機地址為例：

從機地址	功能碼	寄存器位址 高位元組	寄存器位址 低位元組	寄存器值 高位元組	寄存器值 低位元組	CRC 高位元組	CRC 低位元組
0x01	0x06	0x01	0x01	0x00	0x08	0xD8	0x30

修改從機地址:0x08 = 8

從機回應幀(與發送相同)：

從機地址	功能碼	寄存器位址高位元組	寄存器位址低位元組	寄存器值高位元組	寄存器值低位元組	CRC高位元組	CRC低位元組
0x01	0x06	0x01	0x01	0x00	0x08	0xD4	0x0F

連續修改保持寄存器(0x10)：

從機地址	功能碼	起始位址高位元組	起始位址低位元組	寄存器數量高位元組	寄存器數量低位元組	位元組數	寄存器1高位元組	寄存器1低位元組	寄存器2高位元組	寄存器2低位元組	CRC高位元組	CRC低位元組
0x01	0x10	0x01	0x01	0x00	0x02	0x04	0x00	0x20	0x25	0x80	0x25	0x09

修改從機地址:0x20 = 32

串列傳輸速率:0x2580 = 9600

從機回應幀：

從機地址	功能碼	寄存器位址高位元組	寄存器位址低位元組	寄存器數量高位元組	寄存器數量低位元組	CRC高位元組	CRC低位元組
0x01	0x10	0x00	0x11	0x00	0x04	0xD4	0x0F

筆者自行開發的工業控制器單晶片整合板

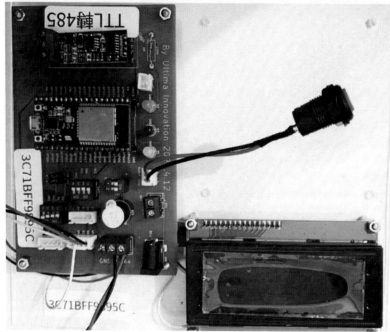

單純 PCB 板賣場：https://www.ruten.com.tw/item/show?22121673807245

零件包賣場：https://www.ruten.com.tw/item/show?22121673807098

筆者自行開發的工業控制匯流排整合板

參考文獻

- 曹永忠. (2018a). 【物聯網開發系列】雲端主機安裝與設定(NAS 硬體安裝篇). *智慧家庭*. Retrieved from https://vmaker.tw/archives/27589

- 曹永忠. (2018b). 【物聯網開發系列】雲端主機安裝與設定（NAS 硬體設定篇）. *智慧家庭*. Retrieved from https://vmaker.tw/archives/27755

- 曹永忠. (2018c). 【物聯網開發系列】雲端主機安裝與設定（網頁主機設定篇）. *智慧家庭*. Retrieved from https://vmaker.tw/archives/28465

- 曹永忠. (2018d). 【物聯網開發系列】雲端主機資料表建置與權限設定篇. *智慧家庭*. Retrieved from https://vmaker.tw/archives/29281

- 曹永忠. (2018e). 【物聯網開發系列】感測裝置上傳雲端主機篇. *智慧家庭*. Retrieved from https://vmaker.tw/archives/29327

- 曹永忠. (2020a, 2020/4/21). 物聯網地理資訊整合開發，工業監控系統開發的第一步：取得圖資. *物聯網環控系統開發*. Retrieved from http://www.techbang.com/posts/77960-internet-of-things-geographic-information-integration-development-first-step-in-industrial-monitoring-system-development-getting-map-capital

- 曹永忠. (2020b, 2020/4/23). 【物聯網整合開發】環控系統開發#1 如何取得氣象資料. *物聯網環控系統開發*. Retrieved from https://makerpro.cc/2020/04/get-open-data-from-cwb/

- 曹永忠. (2020c, 2020/4/23). 【物聯網整合開發】環控系統開發#2 測試氣象局 OPEN DATA 的 API KEY. *物聯網環控系統開發*. Retrieved from https://makerpro.cc/2020/04/test-api-key-of-cwb-open-data/

- 曹永忠. (2020d, 2020/5/14). 【物聯網環控系統開發#3】利用 PYTHON 將資料轉出. *物聯網環控系統開發*. Retrieved from https://makerpro.cc/2020/05/use-python-to-transfer-data/

- 曹永忠, 吳佳駿, 許智誠, & 蔡英德. (2016). *Ameba 程序设计(基础篇):Ameba RTL8195AM IOT Programming (Basic Concept & Tricks)* (初版 ed.). 台湾、彰化: 渥瑪數位有限公司.

- 曹永忠, 吳佳駿, 許智誠, & 蔡英德. (2017a). *Ameba 程式設計(物聯網基礎篇):An Introduction to Internet of Thing by Using Ameba RTL8195AM* (初版 ed.). 台湾、彰化: 渥瑪數位有限公司.

- 曹永忠, 吳佳駿, 許智誠, & 蔡英德. (2017b). *Arduino 程式設計教學(技巧篇):Arduino Programming (Writing Style & Skills)* (初版 ed.). 台湾、彰化: 渥瑪數位有限公司.

- 曹永忠, 許智誠, & 蔡英德. (2015a). *Arduino 云 物联网系统开发(入门篇):Using Arduino Yun to Develop an Application for Internet of Things (Basic*

Introduction) (初版 ed.). 台湾、彰化: 渥瑪數位有限公司.

- 曹永忠, 許智誠, & 蔡英德. (2015b). *Arduino 雲 物聯網系統開發(入門篇):Using Arduino Yun to Develop an Application for Internet of Things (Basic Introduction)* (初版 ed.). 台湾、彰化: 渥瑪數位有限公司.

- 曹永忠, 許智誠, & 蔡英德. (2017a). *Ameba 风力监控系统开发(气象物联网) (Using Ameba to Develop a Wind Monitoring System (IOT for Weather))* (初版 ed.). 台湾、彰化: 渥瑪數位有限公司.

- 曹永忠, 許智誠, & 蔡英德. (2017b). *Ameba 風力監控系統開發(氣象物聯網) (Using Ameba to Develop a Wind Monitoring System (IOT for Weather))* (初版 ed.). 台湾、彰化: 渥瑪數位有限公司.

- 曹永忠, 許智誠, & 蔡英德. (2018a). *工业基本控制程序设计(RS485 串行埠篇): An Introduction to Using RS485 to Control the Relay Device based on Internet of Thing (Industry 4.0 Series)* (初版 ed.). 台湾、彰化: 渥瑪數位有限公司.

- 曹永忠, 許智誠, & 蔡英德. (2018b). *工業基本控制程式設計(RS485 串列埠篇): An Introduction to Using RS485 to Control the Relay Device based on Internet of Thing (Industry 4.0 Series)* (初版 ed.). 台湾、彰化: 渥瑪數位有限公司.

- 曹永忠, 許智誠, & 蔡英德. (2018c). *云端平台(硬件建置基础篇):The Setting and Configuration of Hardware & Operation System for a Clouding Platform based on QNAP Solution* (初版 ed.). 台湾、彰化: 渥瑪數位有限公司.

- 曹永忠, 許智誠, & 蔡英德. (2018d). *温湿度装置与行动应用开发(智能家居篇):A Temperature & Humidity Monitoring Device and Mobile APPs Develop-ment(Smart Home Series)* (初版 ed.). 台湾、彰化: 渥瑪數位有限公司.

- 曹永忠, 許智誠, & 蔡英德. (2018e). *雲端平台(硬體建置基礎篇): The Setting and Configuration of Hardware & Operation System for a Clouding Platform based on QNAP Solution (Industry 4.0 Series)* (初版 ed.). 台湾、彰化: 渥瑪數位有限公司.

- 曹永忠, 許智誠, & 蔡英德. (2018f). *溫溼度裝置與行動應用開發(智慧家居篇):A Temperature & Humidity Monitoring Device and Mobile APPs Develop-ment(Smart Home Series)* (初版 ed.). 台湾、彰化: 渥瑪數位有限公司.

- 曹永忠, 許智誠, & 蔡英德. (2018g). *溫溼度裝置與行動應用開發(智慧家居篇):A Temperature & Humidity Monitoring Device and Mobile APPs Develop-ment(Smart Home Series)* (初版 ed.). 台湾、彰化: 渥瑪數位有限公司.

- 曹永忠, 許智誠, & 蔡英德. (2019a). *云端平台(系统开发基础篇): The Tiny Prototyping System Development based on QNAP Solution* (初版 ed.). 台湾、彰化: 渥瑪數位有限公司.
- 曹永忠, 許智誠, & 蔡英德. (2019b). *雲端平台(系統開發基礎篇): The Tiny Prototyping System Development based on QNAP Solution* (初版 ed.). 台湾、彰化: 渥瑪數位有限公司.
- 曹永忠, 許智誠, & 蔡英德. (2020a). *雲端平台(系統開發基礎篇):The Tiny Prototyping System Development based on QNAP Solution*. 台灣、台北: 千華駐科技.
- 曹永忠, 許智誠, & 蔡英德. (2020b). *雲端平台(硬體建置基礎篇):The Setting and Configuration of Hardware & Operation System for a Clouding Platform based on QNAP Solution*. 台灣、台北: 千華駐科技.
- 曹永忠, & 黃朝恭. (2019). *風向、風速、溫溼度整合系統開發(氣象物聯網):A Tiny Prototyping Web System for Weather Monitoring System (IOT for Weather)* (初版 ed.). 台湾、彰化: 渥瑪數位有限公司.
- 曹永忠, & 黃朝恭. (2021). *風向、風速、溫溼度整合系統開發(氣象物聯網):A Tiny Prototyping Web System for Weather Monitoring System (IOT for Weather)*. 台灣、台北: 千華駐科技.
- 曹永忠, 蔡英德, 許智誠, 鄭昊緣, & 張程. (2020a). *ESP32 程式设计(物联网基础篇):ESP32 IOT Programming (An Introduction to Internet of Thing)* (初版 ed.). 台灣、彰化: 渥瑪數位有限公司.
- 曹永忠, 蔡英德, 許智誠, 鄭昊緣, & 張程. (2020b). *ESP32 程式設計(物聯網基礎篇:ESP32 IOT Programming (An Introduction to Internet of Thing)* (初版 ed.). 台灣、彰化: 渥瑪數位有限公司.
- 謝耿順. (2020). *運用物聯網架構之環境監控系統* (碩士). 國立暨南國際大學, 南投縣. Retrieved from https://hdl.handle.net/11296/gme6wa

整合地理資訊技術之物聯網系統開發（基礎入門篇）

An Introduction to the System Development of Internet of Thing integrated with Geographic Information Technology

作　　者：曹永忠, 許智誠, 蔡英德

發 行 人：黃振庭

出 版 者：崧燁文化事業有限公司

發 行 者：崧燁文化事業有限公司

E-mail：sonbookservice@gmail.com

粉 絲 頁：https://www.facebook.com/
　　　　　sonbookss/

網　　址：https://sonbook.net/

地　　址：台北市中正區重慶南路一段六十一號八
　　　　　樓 815 室

Rm. 815, 8F., No.61, Sec. 1, Chongqing S. Rd., Zhongzheng Dist., Taipei City 100, Taiwan

電　　話：(02) 2370-3310

傳　　真：(02) 2388-1990

印　　刷：京峯彩色印刷有限公司（京峰數位）

律師顧問：廣華律師事務所 張珮琦律師

國家圖書館出版品預行編目資料

整合地理資訊技術之物聯網系統開發. 基礎入門篇 = An introduction to the system development of internet of thing integrated with geographic information technology / 曹永忠, 許智誠, 蔡英德著 . -- 第一版 . -- 臺北市 : 崧燁文化事業有限公司 , 2022.03
　面；　公分
POD 版
ISBN 978-626-332-099-4(平裝)
1.CST: 微電腦 2.CST: 電腦程式語言 3.CST: 電腦程式設計
471.516 111001417

定　　價：400 元

發行日期：2022 年 03 月第一版

◎本書以 POD 印製

官網

臉書